ほっかいどう お菓子グラフィティー

confectionery graffiti in Hokkaido

塚田敏信

Toshinobu Tsukada

亜璃西社

わくわくどきどき

お菓子ワンダーランド

わくわく一番
電話は二番
三時のおやつは　どっきどき！
北海道のお菓子は
お菓子のホームラン王です

白い恋人
CHOCOLAT BLANC ET LANGUE DE CHAT
Since 1976
とうきびキャラメル
ミルクキャラメル
網走監獄から帰りました
網走監獄キャラメル
冬のキャラメル
ごくろうキャラメル
日本一きびだんご
北海道特産きびだんご
北海道名物きびだんご
ホワイトチョコレート
大黒飴
カステーラ
澤の露
ハッカ飴
黒炭飴
石炭飴

さくさくほくほくお菓子ワンダーランド

出てきた　出てきた　おやつたち
腰ひも巻いて　箱しょって
地域に根づいた　時代の寵児
北海道のお菓子たち

今日のおやつは
北海道のお菓子たち

にこにこぱくぱく お菓子ワンダーランド

よってらっしゃい　みてらっしゃい
親の因果が子に報い——じゃーなく
北海道が生んだ　ユニークなおやつたち
バナナもあれば　マリモも
ほっちゃれだって　あるんだよ

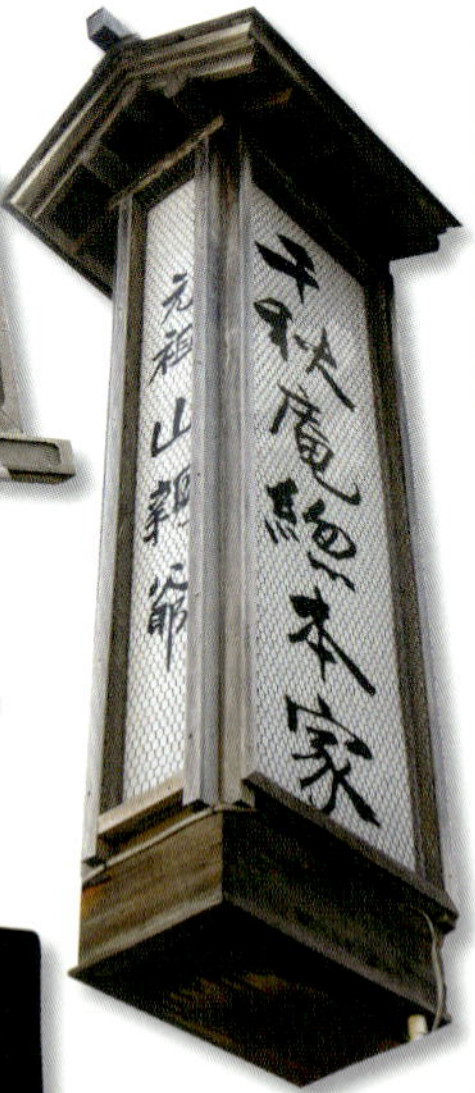

看板が広げた
あの味この味
お菓子ワンダーランド

あの頃の原風景が
心に浮かぶ
ノスタルジックな看板は
お菓子の広告塔
時代の空気感まで封じ込め
今も街角をにぎわす

ほっかいどうお菓子グラフィティー

ほっかいどうお菓子グラフィティー＊目　次

confectionery graffiti in Hokkaido

I．明治のお菓子

五勝手屋羊羹（明治初期）……8
酒まんぢう（明治13年）……11
えべつまんじゅう（明治18年）……14
丸井榮餅（明治33年）……17
煉化もち（明治34年）……20
旭豆（明治35年）……23
トンネル餅（明治37年）……26
大沼だんご（明治38年）……29
バナナ饅頭（明治38年）……32
三色だんご（明治38年）……35
月寒あんぱん（明治39年）……39
柳もち（明治39年）……42

澤の露（明治44年）……46

Ⅱ．大正のお菓子

ウロコダンゴ（大正2年）……56
湯の香ひょうたん飴（大正3年）……59
大甞飴（大正4年）……62
バターせんべい（大正8年）……65
ビタミンカステーラ（大正10年）……69
日本一きびだんご（大正12年）……72
フルヤミルクキャラメル（大正14年）……75
どらやき（大正後期）……78

Ⅲ．昭和前期（戦前）のお菓子

金時羊羹（昭和初期）……88
ハッカ豆（昭和初期）……91
山親爺（昭和5年）……94
栗まんじゅう（昭和6年）……97

塊炭飴（昭和7年）……100
壺もなか（昭和8年）……103
薄荷羊羹（昭和10年）……106
花園だんご（昭和11年）……109
炭礦飴（昭和13年）……112
美園アイスモナカ（昭和10年代）……115

Ⅳ・昭和中期（戦後）のお菓子

辨慶力餅（昭和24年）……126
バナナ焼（昭和26年）……129
とうまん（昭和27年）……132
バンビミルクキャラメル（昭和27年）……135
雪太郎（昭和28年）……138
よいとまけ（昭和28年）……141
天狗まんじゅう（昭和29年）……144
うにせんべい（昭和20年代後半）……147
しおA字フライビスケット（昭和30年）……150
高橋まんじゅう屋の大判焼き（昭和32年）……153

ハッカ飴（昭和33年）……156
おやきの平中（昭和33年）……159
クリームぜんざい（昭和35年）……162
梅屋のシュークリーム（昭和39年）……165
ほっちゃれ（昭和30年代後半）……168

V・昭和後期（成長期）のお菓子

オランダせんべい（昭和40年代前半）……178
やきだんご（昭和41年）……181
天狗堂宝船のきびだんご（昭和43年）……184
ホワイトチョコレート（昭和43年）……187
三方六（昭和43年）……190
にしんパイ（昭和44年）……193
ホワイトごま餅（昭和46年）……196
沖縄まんじゅう（昭和47年）……199
白い恋人（昭和51年）……202
草太郎（昭和53年）……205
大黒屋の温泉まんじゅう（昭和55年）……208

道産子の舌にも文明開化

I. 明治のお菓子

confectionery graffiti in Hokkaido

開拓の鉄路にのって
「駅生」が続々と誕生！

明治初期●江差町

五勝手屋羊羹《ごかってやようかん》

●製造　㈱五勝手屋本舗
●住所　檜山郡江差町本町38
●電話　（０１３９）５２-００２２
★流し羊羹（１本）　５７８円
★ミニ丸缶羊羹　２００円
★丸缶羊羹　２６３円

古くて新しいアクティブな菓子

丸い筒の底を親指で強く押し上げると、上から「ぐにゅっ」と羊羹が顔を出す。それに糸を巻きつけて切り、口中にポンと放り込んで食べるアクティブなお菓子。それが、明治初期から歴史を刻む棹型「五勝手屋羊羹」の発展形として、昭和初期に売り出された丸缶だ。円筒形の容器を包む印象的なパッケージと相まって、その個性は際立つ。かつてはフタが金属製だったので、店では丸缶と呼ぶが、今はプラスチック製になっている。

江差町は、松前、函館と並び称される道南3都の一つ。17世紀後半の元禄時代から近江商人が、檜やニシン漁を目当てに出店。やがて能登や加賀など北陸から来道した商人の往来で、「江差の五月は江戸にもない」と言われるほど賑った。20年ほど前、その町並みの魅力に惹かれた筆者は、幾度となく通い詰めるようになる。

古い土蔵を改築した宿に泊まり、風呂に浸かったその足で明治末から続く銭湯「滝の湯」に入り、地元の人々と話し込んだもの。靴屋、薬屋、神社、路地、坂道など、至る所に人とまちの匂いが漂い、ただ歩くだけで豊かな気持ちになれた。蝦夷地最古の祭礼「姥神《うばがみ》大神宮《だいじんぐう》渡《と》御祭《ぎょさい》」では、路地から子ど

北海道の菓子界では現役最古参格である五勝手屋本舗の店舗（左上）と、羊羹の詰め合わせ（中央）。丸缶を象ったキーホルダーがおもしろい。階段の壁には菓子の木型を陳列する（右下）

もたちの吹く笛の音が流れ、同じ歴史ある町でも函館や小樽とは別の空気に包まれたものだ。

江差の町並みは、上下二層の通りに商店や家々がはりつく構造で、海岸線に近い下通りに歴史的建造物が集中し、上通りは建て替えが進む。その通りの一角に、五勝手屋本舗はある。

屋号を調べると、かつて檜を伐り出しに南部から出稼ぎにきた「五花手組」にたどり着く。彼らは住み着いた浜で豆を実らせ、村人に歓迎された。これを元に紋菓を作って松前の藩公に献上し、それを機に五花手屋と称したという。住み着いた場所は五勝手村と呼ばれるようになり、店の屋号も五勝手屋に変わった。

羊羹には十勝で栽培する大正金時を

店の系譜をたどると、江戸末期に小笠原幸之助が現在地で菓子店を営み、藤作、武（2代目藤作）を経て、昭和62（１９８７）年から隆さんに引き継がれている。五勝手屋羊羹が作られたのは明治初期のこと。明治44年には、東京で開催された「帝国産業博覧会」で銀賞を受賞し、昭和11年の天皇行幸の際には、檜山の土産として献上されている。また、ひと口に羊羹と言っても、その味わいは千差万別。さらりと軽いものから、濃厚なものまで幅広い。存在感のある五勝手屋羊羹に使う餡は、すべて自家製。材料の金時豆は、十勝地方で栽培される大正金時を使う。

道内の菓子屋で話を聞くと、最初は和菓子屋から始まり、やがて洋菓子も扱うようになって、両方手がけるか、途中で洋菓子だけになる例も少なくない。五勝手屋もスタートは和菓子だが、昭和初期にいち早くシュークリームを手がけ、昭和20年代に江差で初めてバタークリームのケーキを作っている。隆さん自身、先代から「これからはケーキの時代」と言われ、東京で2年ほど洋菓子作りを学んで帰郷した。だが、洋菓子店にはならず、今は作ってもいない。昭和58年に店舗を新築する際、仮店舗が手狭なためケーキを作らなかった。その時の客の動きを見て、和菓子ひと筋でやれる自信がついたのだという。

2階に上がる吹き抜けの階段の壁面には、これまで菓子作りに使われた膨大な数の木型が飾られているほか、店舗と隣り合う建物にはギャラリーも開設。平成3年に閉じた呉服屋を買い取って改修したもので、写真展や包装紙の展示などさり気なく文化を発信し続ける。また、隆さんが独自に始めたのが、お歳暮の時期に発行するチラシ。江差の民謡や花、植物を紹介したり、切り取ると封筒やサイコロになったりと、用紙にも工夫を凝らして顧客に届けている。

フィールドワークなどで、筆者もお世話になってきた江差町。敬愛する愛知県岡崎在住の町並み絵師・柄澤照文さんが、深くかかわってきた江差の町文化。そんな町に蓄積された生活文化を伝える上で、五勝手屋本舗のギャラリーは格好の舞台と言える。歴史的な町並みには、地域の文化を意識した老舗のお菓子屋がよく似合う。

明治13年（1880）年●小樽市

酒まんぢう

北海道の駅弁第1号は酒まんぢう

明治の開拓期、道内各地に鉄道が開業すると、旅客の胃袋を目当てに駅弁売りが現れる。当時、駅弁として立売《たちうり》されていた中には、餅や団子、饅頭などの生菓子も少なくなかった。筆者はこれを駅売りの生菓子、略して「駅生《えきなま》」と呼ぶ。その駅生第1号発祥の地が、函館本線の銭函駅である。

昭和6（1931）年築の木造駅舎は、昭和初期に多用されたギャンブレル（駒形切妻）屋根が風情を感じさせる。駅自体は明治13（1880）年、手宮―札幌間に北海道初の鉄道が開通したのと同時に開業。ほどなく駅ホームで立売されるようになったのが、のちに銭函名物となる「酒まんぢう」だった。これこそが、北海道の駅弁第1号だ。

では、なぜ銭函駅だったのか。手元にある明治14年10月1日の手宮―札幌間の時刻表を見ると、当時の駅は手宮、住吉、銭函、札幌の4つしかない。そして、列車は1日1往復のみ。午前9時手宮駅発、同11時30分札幌駅着と、午後1時30分札幌駅発、同4時手宮駅着の各1本のみで、義経号や弁慶号が引っ張った。現在は、快速に乗れば最短32分で着く小樽―札幌間だが、開通当時は2時間半も要していた。

●製造　㈲よねた製菓
●住所　芦別市北1西1－10
●電話　（0124）22－3462
★1個　105円
★1箱（6個入り）　735円

朝、手宮を出た列車は、午前10時過ぎに銭函駅のホームに入り、午後に札幌を出たそれは午後2時過ぎに着く。つまり、どちらに乗ってもちょうど小腹が空く頃合いに銭函へ着くのだ。しかも停車時間は20分もあり、その間、目の前を饅頭売りが行ったり来たりするのだからたまらない。おまけに、当時の乗客は裕福な層が多かったから、銭函駅は商いに格好の地だったのである。

幻の銭函名物が平成に入って復活

最初に酒まんぢうを作って販売したのは、西村甚太郎とされる。その後、同業の徒が増え、最盛期には4、5軒の菓子屋が自家製のどぶろくで饅頭を製造。一時は7、8人もの売り子がホームに立つ活況ぶりで、やがて開拓使から〝ホームに出るのは4人まで〟と規制されるほど人気を博した。

しかし、戦後はどぶろくの製造が規制されたこともあり、いつしか姿を消す。その幻の饅頭が復活したのは、平成11年のこと。芦別の菓子職人小川秀雄さんが、少年の頃に酒まんぢうが大好きだった知人の記憶を頼りに、試行錯誤して当時の味を再現。「製法伝承昔造り〈元祖〉酒まんぢう」の名で、「小川菓子舗」から発売する。ところが、同17年に小川さんが病に倒れ、同じ芦別市内の「よねた製菓」が引き継ぐことになった。

よねた製菓は、戦前に名寄の東陽軒で修業した初代の米田松巨（松雄）さん（大正7〈1918〉年生まれ）が、昭和26年に「米田菓子店」として創業した。「十二支せんべい」を始め、「古木羊羹」「鑛泉羊羹」「メロン羊羹」などを手がけてきた。

酒まんぢうは、道の駅スタープラザ芦別や自社店頭でも販売するが、その大半は銭函駅の売店で売れるという。饅頭には、旭川市の男山酒造が作る日本酒と酒粕を使い、板粕の多さが特徴だ。

その白い酒まんぢうとは対照的な黒いまんじゅうが、よねた製菓にある。誕生のきっかけは、現社長の米田浄さん（昭和24年生まれ）が、石炭カレーや石炭ラーメンと出合ったことだった。「真っ

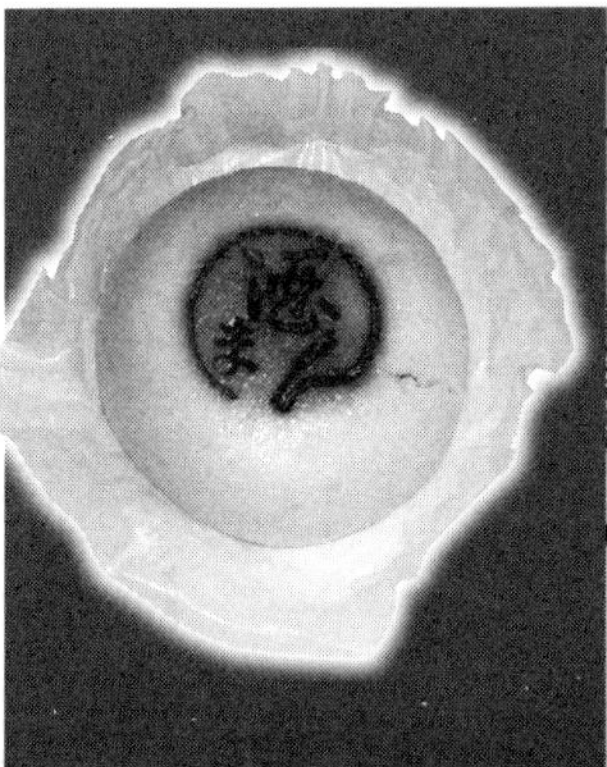

復活した酒まんぢうは、北海道における駅弁のまさに草分けだ。その歴史と伝統を受け継ぐ米田さん夫妻（右上）。駅生として立売されていた時代もあった。右下は昭和6年築のJR銭函駅

黒い食べ物があるなんてショックでした」。

それにヒントを得て、平成19年7月に発売したのが「石炭まんじゅう」である。味のよさもさることながら、箱の色を真っ黒にするなど、石炭の名にふさわしい統一感がお見事。筆者が味とともに重視するのは、包装紙や紐、箱、缶、袋などのデザインであり、これらはお菓子の味わいを一層増してくれる〝夢の舞台装置〟でもあるのだ。

ところで、ここに酒まんぢうの昔の掛け紙がある。定価拾五銭とあり、おそらく昭和初期のものだろう。上に「明治拾三年創業」「銭函驛みかさや組合」とあり、下には「若狭謹製」の文字がある。明治13年は、駅売りの組織ができた年なのか、若狭という店の創業年なのかは不明だ。しかし銭函駅では、鉄道が開通した年にもう饅頭が売られていたことがわかる。中央の品名は「名物甘酒まんぢう」となっているが、最初は「甘酒」だったのか、いろいろな商品名が混在していたのか——。探究のタネは、どこまでもつきない。

明治18（1885）年●江別市

えべつまんじゅう

●製造　山サ煉化餅本舗㈱
●住所　江別市野幌町8－4
●電話　（011）385－9689
★1箱（10個入り）730円

昔の江別は饅頭屋だらけ

JR江別駅前に広がる条丁目地区は、明治末から昭和初期にかけて建てられた趣のある建物が今も残る、味わい深い地区だ。旧岡田倉庫を含むその界隈は、映画「天国の本屋」で重要な舞台として使われたロケ地にもなった。実はここ、かつては饅頭屋だらけの町だったのである。

野幌屯田兵村と千歳川の間に位置する江別駅前は、早くから石狩川を利用した舟運の拠点として、そして鉄道開通後は交通の要衝として発展した。その江別駅で「松丸まんじゅう店」が「えべつまんじゅう」を売りはじめたのは、明治18（1885）年のこと。当時は、薄い布で包んだ箱入り饅頭を、5本入り5銭、10本入り10銭で駅売りしていた。

江別駅が開業したのはその3年前、札幌—幌内を結ぶ幌内鉄道が全線竣工した際である。野幌への屯田兵の本格的な入植が始まり、石狩川定期航路の拠点が駅近くに置かれたのが、それから2年後のことだった。つまり、交通の要衝である江別の発展とえべつまんじゅうの誕生は、切っても切れない関係にあるわけだ。

その独特の佇まいに惹かれ、筆者は一時期、江別駅前に毎日のように通っていた。そこで地元と

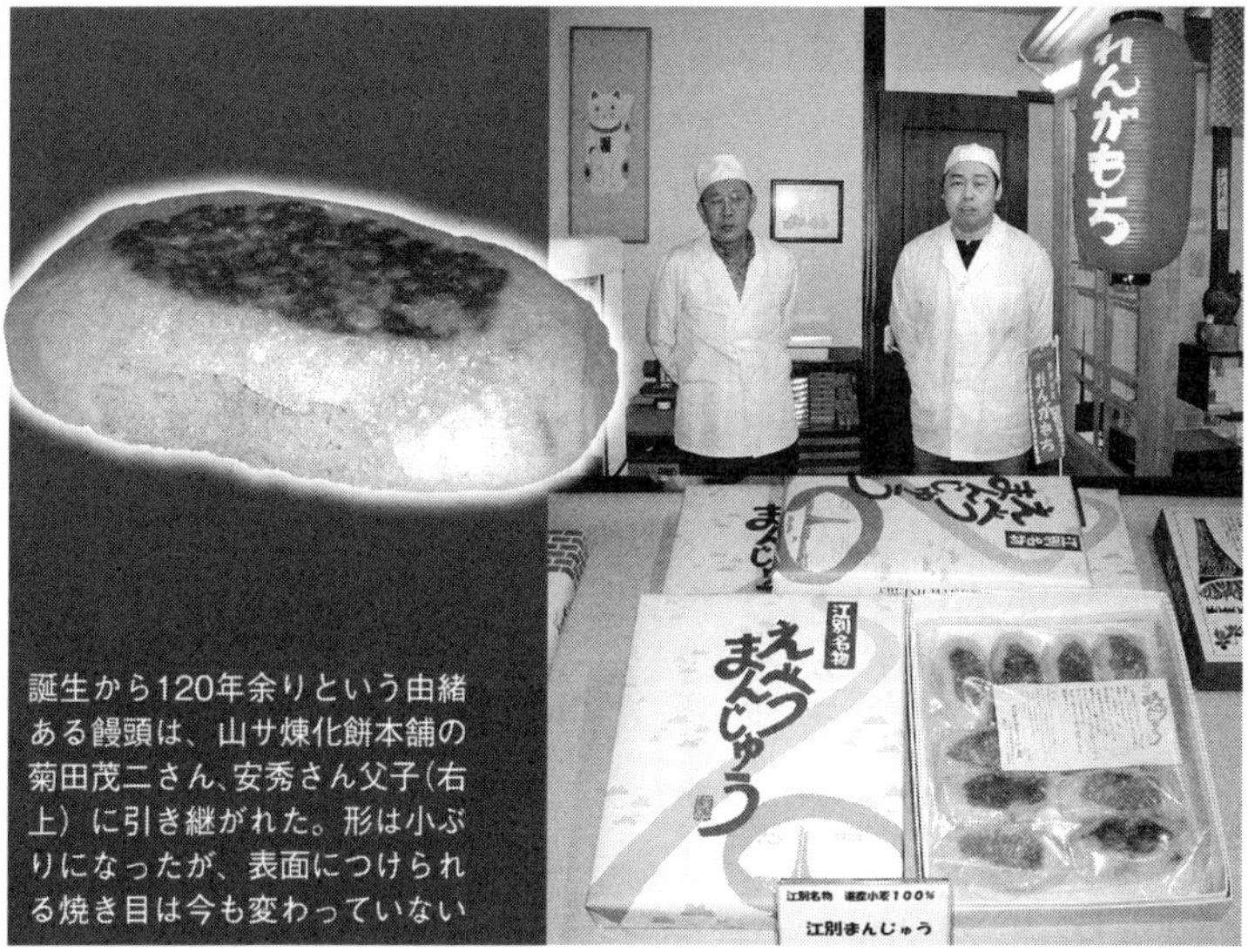

誕生から120年余りという由緒ある饅頭は、山サ煉化餅本舗の菊田茂二さん、安秀さん父子（右上）に引き継がれた。形は小ぶりになったが、表面につけられる焼き目は今も変わっていない

の繋がりも生まれ、地域の人々と一緒に町の記憶をテーマにしたイベントを開催したことがある。その際に見つけた古地図が衝撃的だった。それは明治36年に発行された市街明細図で、30軒ほどある店名の中に、「まんぢう」の名がはっきり読み取れる店だけで4軒もあったのである。江別駅での立売は、それだけ盛んだった。

また、4軒ある饅頭屋の店名は、すべてシルシで書かれている。シルシとは、札幌の老舗デパート丸井今井の「㊋」や三越の「㊌」のように、カタチと文字を組み合わせたもの。地図上に点在する饅頭屋のシルシを、石狩川の方から順にたどってみると、「古《カネコ》」「◎《カクマル》」「十《ヤマジュウ》」「久《カネキュウ》」と並ぶ。この中の「十」こそが、えべつまんじゅうを作った松丸の店なのである。

昭和初期から変わらぬ味わい

最初にえべつまんじゅうを見た時、「えっ！」と驚かされた。大島饅頭のように小判型楕円形の饅頭もあることはあるが、基本的に饅頭は丸いという先入観がこちらの頭にはすりこまれている。ところがこの饅頭は、長さ78㎜、幅35㎜とかなり長円形なのだ。以前を知る人は「昔はもっと長く、大きかった」と言い、少なくとも今の2倍はあったらしい。ただし、饅頭に焼き目を入れるのは、以前から変わっていないそうだ。

　この地区に昭和3（1928）年から住み続ける郷土史研究家・高間和義さんの生家は、松丸まんじゅう店の隣で運送業を営んでいた。

「店の2階に向かって『おーい』と声を掛けると、カゴが下りてくるんです。そこにお金を入れてやると、焼き目のない饅頭の入ったカゴが下りてきました。昭和10年頃の話で、駅で立売もやっていましたね。『∧城《ヤマジョウ》』という饅頭屋もあって、立売の呼び声だけ聞くとジュウとジョウの違いがわかりにくい。松丸さんの方が味はずっとよかったから、間違って買った人は悔やんだそうですよ」

　その味に、昭和初期から親しんできた高間さんに変化を尋ねると、即座にこう言い切った。「まったく変わりません」。えべつまんじゅうの伝統は、誕生から100年余り経た今もしっかりと受け継がれているようだ。その後、松丸から松本、米津を経て、現在は「山サ煉化餅本舗」が製造、販売。今の形になったのは、米津《よねつ》製菓の時代だという。その米津製菓の店主が、高齢を理由に同じ菓子組合にいた菊田茂二さんに作り方を引き継ぎ、今は長男の安秀さんが製造を手がけている。

　現在、生誕の地であるJR江別駅のキヨスクでえべつまんじゅうを買うことができる。そのほか、煉化餅本舗、JR野幌駅のキヨスク、そして野幌駅前にある「れんがどう」で店頭販売している。また、筆者のかかわった「町の記憶で博覧会」など、市内のイベントで販売されることもある。

　一世紀以上の歳月をこの地で、何人もの担い手の力で生き抜いてきた、歴史あるえべつまんじゅう。この饅頭には、それを残そうとする人々のエネルギーを引き出す力があるようだ。

明治33（1900）年●函館市

丸井榮餅《まるいさかえもち》

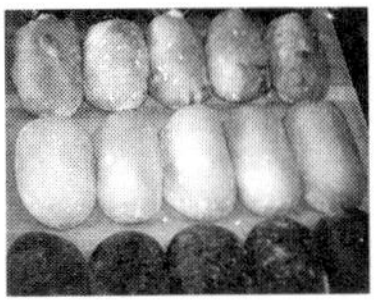

●製造　㈲丸井榮餅
●住所　函館市栄町5－13
●電話　（0138）22－5482
★豆餅　147円
★ベコ餅　115円
★三色大福　115円
★三色だんご　84円

函館に根付く餅の食文化

函館出身の方から、こんな話を聞いた。函館では正月に飾ったお供え餅を、買った餅屋に持って行くと搗き直してくれるというのだ。札幌では最近あまり聞かない話なので、驚くと同時に、函館の人がなんだかとても羨ましく思えてしまった。

明治33（1900）年創業の老舗「丸井榮餅」でも、松の内が明けると客からお供えが戻ってくる。バリバリに乾燥した状態なので、3日ほど水にうるかして（浸けて）から切り分け、さらに蒸かし直して、のし餅や豆餅、大福などに作り直して客に渡すという。その話を聞いて、改めて函館には札幌にない、餅の食文化が根付いていることを実感させられた。

新潟出身の鴨井雅吉が創業した榮餅は、店の所在地である栄町から屋号をとっている。その後、佐藤平作が引き継ぎ、秀男を経て現在は4代目の秀昭さんが継ぐ。餅で商いを始めたが、やがて饅頭や赤飯など蒸しものも手がけるようになった。団子は昭和60（1985）年頃から作りはじめている。

秀昭さんは函館の高校を卒業後、東京の「日本菓子専門学校」に入学。しかし、突然の病に倒れた祖父のために、少しでも近くにいたいと昭和46

年、札幌の「一爐《ろ》庵」（昭和13年創業、数多くの菓子職人を育てた老舗だったがのちに廃業）に入社する。その後、22歳で函館に戻り、平成8年に社長となった。

代々、子宝に恵まれた佐藤家は、昔から家族経営に徹している。「幼い頃は家族が16人もいて、食事どきは毎日が大宴会みたいなもの。仕事は朝の4時半から夜の11時くらいまで続き、『いつ寝ているんだろう。本当に寝ているのかなぁ』って、本気で思っていましたよ」と秀昭さんは笑う。

老舗の味を守り伝える家族の力

最も繁盛した昭和30年代の年末年始には、一日に最大で30俵分の餅を搗いたという。「餅はもち米を研いで蒸かせば、あとは搗くだけだから、誰でも始められます」と秀昭さん。あまりの繁盛ぶりに、父親は勤め先の函館ドック（現函館どつく）をやめ、昭和30年代後半から家業を手伝うようになった。だから、秀昭さんも父親も、実践で作り方を身につけていったのである。

よく言われたのは、「水をきちんと切って、良く研がないとダメ」ということ。今のプラスチック製は水がうまく切れないため、この店では今も竹ザルを使っている。また餅は、機械で搗くとくっついてしまうので木べらで返すが、これが結構コツのいる仕事。手水を使い過ぎると、餅の命であるコシがなくなる。できるだけ手水を使わず、規則的に打ち下ろされる杵の合間にへらで餅を操るのだ。この仕事を巧みにこなしてきたのが、秀昭さんの母親ナヲさんである。榮餅は家族で力を合わせて、老舗の味を守り伝えてきた。

またベコ餅も、榮餅では昔ながらのやり方で作る。黒糖と白糖を炊いて蜜にし、これにうるち米ともち米を混ぜたものを合わせて蒸かす。これは外郎《ういろう》の作り方によく似ている。そのベコ餅に似たくじら餅は、太い棒状にした餅を金太郎飴のように切り分けて作る。珍しいのは、大福餅が俵型であること。札幌や小樽の大福は、どれも丸く平た

趣ある看板をくぐれば、そこにはナヲさんの変わらぬ笑顔（平成20年撮影）が待っている。榮餅のもちもちワールドには、昔ながらの製法で作るベコ餅（右下）や大福餅もずらりと並ぶ

い座布団型が主流で、たまに球体に近いかまくら型を見る程度だ。この店だけのことかと思ったが、函館ではほかの老舗にも同形があり、大福の形にも地域性があることを初めて知った。

　このように、1世紀を超えて餅を作り続けてきたこの店だが、のちに作るようになった団子も実にうまい。さすが餅屋が作る団子だけあって、素材である米のうま味と弾力感ある歯応えは、米そのものの味わい深さを伝えてくれる。

　自分の子どもが生まれた時、秀昭さんは「お客さんが買ってくれるものを作って、子どもと遊べれば、それでいいと思った」と語る。「それができた自分は幸せで、この仕事に就いてよかったと思います。でも、子どもに押しつける気はありません。もし『やる』と言ったら、すごく厳しいぞと言います」。「人生は気持ちが豊かな方がいい。そう思って生きてきた」と、落語と映画と銭湯が大好きな秀昭さん。そんな店主が作るお菓子は、食べる者もおおらかな気持ちにしてくれる。

明治34（1901）年●江別市

煉化もち《れんがもち》

●製造　山サ煉化餅本舗㈱
●住所　江別市野幌町8－4
●電話　（011）385－9689
★1箱（10個入り）600円

瓦が化ければ、食べられる？

江別といえば、現在は道産小麦ハルユタカの産地で知られるが、歴史的に見ればなんと言っても「煉瓦の町」だ。そうした町の歴史を今に伝えるのが、「煉化もち」である。色は白いが煉瓦形で、いわばミニチュアの白煉瓦という感じ。ところが、食べてみるとこれが柔らかい。改めて名前をよく見ると、煉瓦餅ではなく煉化餅。煉瓦は食べられないが、瓦が化ければ食べられるという洒落っ気から生まれたネーミングなのだ。

久保兵太郎の発案で生まれた煉化もちは、佐野利吉が製造、販売に携わることで世に出た。東京の鉄道局に勤めた兵太郎は、明治30（1897）年、北海道炭礦鉄道から野幌煉瓦工場（のちの北海道窯業株式会社）の経営を託された父・栄太郎を助けるために来道。大正14（1925）年まで工場の経営に携わった。一方の佐野利吉は、野幌駅の南側で雑貨店を営む商人だった。貸し倒れで商売に行き詰まった利吉が、友人の兵太郎に相談したところ、お菓子の駅売りをすすめられ、何を売るか相談した結果、地場産業である煉瓦にちなんだ餅を作ることになったという。

こうして、利吉が明治34年に創製した煉化もち

煉瓦でできた煙突形の看板塔が店のシンボルだ。煉瓦をデザインした包装紙を開くと、箱の中には白煉瓦を思わせる餅が整列する（左上）。もち肌を透かして餡がうっすらと見えるのが特徴

は、駅生として翌年の4月2日から野幌駅で発売された。初代経営者は利吉の妻タヲが務め、昭和7（1932）年には跡取りの昇が引き継いでいる。また兵太郎は、札幌軌道会社の経営など多方面で活躍する実業家となり、俳句にも熱心に取り組んだ。文化人としての素養は子にも受け継がれ、次男の久保栄は戯曲や小説で名を成す。栄は小説「のぼり窯」で、煉化もちのことを活写している。

〈車窓越しに売子の渡す木の折包みをひらいてみると、煉瓦といえば誰れの眼にも見おぼえのある、ほぼ八寸に二寸という寸法をそのまま縮めたマッチ箱ほどの大きさの餅が粉をかぶった白い肌から、ほんのりとアメのいろを透かせながら、行儀よく二列に並んで…。始め、礼太郎が事業にちなむ駅食の話を持ちかけた駅前の駄菓子屋は、そんなまずそうな名の餅はと言って、てんで取りあわなかったそうだが（中略）噛むとにちゃりと粘つきそうでいて、案外にさくさくした歯ごたえに、ザラメを使ったらしい餅の甘みのとろりと残る、ま

んざらでない風味〉

飛ぶように売れた駅生が復活

また、昭和6、7年頃に撮影された野幌駅での立売の様子が、映像で残されている。最初に煉瓦の製造過程が映され、場面が変わると、下方にモチと書かれた煉瓦製の煙突が伸びる建物から、売り箱を抱えた男たちが走り出てくる。向かう先は野幌駅のホーム。蒸気機関車が入線すると、売り子たちは車窓から伸びる手に、箱に入った煉化もちを次々と渡す。客のほとんどが5個前後をまとめ買いしていて、実に小気味がよい。その活気あふれる様子に、筆者は胸を躍らせてしまった。

先の映像に出てきた菓子屋は、当時線路の南側にあった山サ佐野合名会社（昭和30年、山サ佐野煉化餅株式会社に改組）。筆者の手元にある昭和9年7月31日付の掛け紙を見ると、真ん中に朱色で大きく「煉化餅」の3文字、その上に元祖と入り、8個入り15銭の文字が読み取れる。同45年には、地元の野幌森林公園に北海道百年記念塔が完成したのを機に、名称を「餅」から「もち」に変更。こうして80年余り続いた山サ佐野だが、同61年になって製造中止に追い込まれてしまった。

そこに登場するのが、野幌駅前の「ニシムラ」で昭和45年から独自に開発した「れんがくるみ餅」を売っていた菊田茂二さん。しかし、煉化もちと間違って買う客があとを絶たず、「どうして煉化もちを売らないんだ」と言われることもあったという。そこで何とか名物を継承したいと、平成5年4月6日に製造、販売を再開させたのである。

復活した煉化もちは、外壁に本物の煉瓦を使う国道12号沿いの工場で作り、野幌駅前の店舗で販売。復活当初は佐野煉化餅と称したが、平成7年に社名を山サ煉化餅本舗に変更している。まちの基礎を築いた煉瓦製造の歴史にちなんだ銘菓を継承し、さらに「えべつまんじゅう」（p14）も復活させた菊田さん。まちの歴史を守り伝える菓子からは、地元への愛着がひしひしと伝わってくる。

明治35（1902）年●旭川市

旭豆《あさひまめ》

謎の多い「旭豆」誕生の経緯

炒った大豆を砂糖で白く衣がけした豆菓子は、全国各地にあるが、その北海道代表ともいえるのが「旭豆」である。旭川で生まれたので旭豆というわかりやすさがいい。誕生は明治35（1902）年とされるが、その経緯については、資料によって若干の違いがみられる。

菓子研究の過程では、これまでもそうした壁に何度かぶつかってきたが、なかなか判断が難しい。そこで本稿では、創業に関わった人物の関係についてそれぞれの説を併記し、今後の研究を待ちたいと思う。

筆者が注目したのは、その経緯を細部まで描いた亀畑義彦作『小説旭川の百年』（月刊「北海道経済」連載）である。登場人物は片山久平と浅岡庄次郎。資料によっては、2人が旭豆を作りはじめる時期に時間差がみられるが、亀畑は2人の連携で生み出されたとしている。以下は、その内容を要約したものである。

〈富山の薬売りとして北海道各地を行商する片山久平はある日、旭川周辺の農家が畑に植えている大豆が、飛騨高山の銘菓「三嶋豆」に使われる豆とよく似ることに気づく。そこで、親しかった富

●製造　共成製菓㈱
●住所　旭川市宮下16
●電話（0166）23－7181
★ポリ袋（170g）231円
★1箱（50g×6袋）630円

山の菓子職人・浅岡庄次郎を招き、旭川らしい土産菓子の製造に着手。見事それに成功した片山と浅岡は、ともに権利を持って旭豆を売り出す〉

亀畑の著作は小説の体をとっており、どの程度フィクションを交えているのかは不明だ。しかし、昭和20年代の旭豆の広告をみると、登録商標旭豆製造発賣元と書かれた下に、「浅岡旭豆総本舗」と「片山産業有限会社」の両社名が並記されていて、亀畑説の信憑性は高いと思われる。

また、『小説旭川の百年』で取り上げている、「上川工業品評会」に旭豆を出品した際の評価が興味深い。〈京都の菓子の様に公家文化の名だけで売っている菓子と違い、栄養、美味しさ、日持ちの良さ、低価格で、健康食品、病人食としても最適で、かつ旭川の雪の美しさを連想させる〉。旭豆への評価を通して、郷土への思い入れと開拓者魂が、ひしひしと伝わってはこないだろうか。

さて、地域限定商品だった旭豆が、一躍メジャーな存在になったのは、長らく北海道観光の玄関口だった、函館の青函連絡船桟橋の売店や船内で扱われるようになってから。これにより売れ行きが伸び、知名度も一気に上がった。かつて北海道の土産品に日持ちのする食品は非常に少なく、旭豆は類似品が出まわるほどよく売れたという。

百年菓子を守り伝える唯一の社に

戦後の昭和30年になって、共成製菓が片山久来から旭豆の権利を譲り受ける。共成製菓の前身は、雑穀精米を手がけた明治24年設立の「㈱共成」。雑穀部門で損失を出して解散したあと、道内各支店はそれぞれの道をたどる。糠油から石鹸や油菓子を作っていた旭川支店は、「旭かりんと」などを看板に宮田利作が共成製菓として独立した。

共成製菓と浅岡旭豆総本舗は、それぞれ地方市場と地元の観光土産品を扱うことで、マーケットを住み分けていた。しかし、平成19年に浅岡旭豆総本舗が廃業。現在、旭豆を製造しているのは、共成製菓1社だけとなっている。

煉瓦造りの工場で作られる旭豆。左上の箱は戦後から昭和40年代まで使われたもので、右は共成製菓と旭豆総本舗が連名になった古いパッケージ。中央の立缶は旭川市内のコンビニで販売中

平成元年の入社以来、旭豆とともに歩んできた稲葉健一常務（昭和26年生まれ）は、この20年を振り返りながらこんなことを話してくれた。

「昭和50年代までは、夏場の観光シーズンに製造が間に合わないほどだったと聞いています。その後、チョコレート菓子などの台頭もあり、現在一番忙しいのは節分の時期です。道産大豆を使う伝統ある旭豆を、多くの人に知ってほしいですね。大豆が見直され、数年前からは地元の学校給食に、10粒ほど入ったミニ袋を卸しています」

近年、旭川市内の大手コンビニが旭豆の立缶を置いてくれるようになった。デザインはおなじみのアイヌの女性をあしらったものだが、漫画やアニメのキャラクターがあふれる菓子コーナーでは、独特の存在感を放っている。

事務所を出て建物の裏手にまわると、がっしりとした赤煉瓦の壁が残されていた。その佇まいは、百年菓子を受け継ぎ、守り続ける場所にふさわしい重厚さを漂わせていた。

明治37（1904）年●共和町

トンネル餅《とんねるもち》

●製造　末次商会
●住所　岩内郡共和町小沢1724-4
●電話　（0135）72-1005
★1箱（10個入り）400円

画家になる初代の夢を果たした息子

雪のように白くふんわりとした「トンネル餅」。札幌から国道5号をひた走り、小樽、余市を抜け、岩内への分岐点を過ぎた少し倶知安寄り、JR函館本線小沢《こざわ》駅のそばにある「末次商会」で販売する生菓子だ。明治37（1904）年、小沢駅の誕生とともに発売されたこの駅生だが、なぜ「トンネル」の名がついたのだろうか。

その由来には2つの説がある。一つは、仁木町との境界を貫く稲穂トンネルの開通を記念したという説。もう一つは、稲穂トンネルの反対側に倶知安トンネルがあり、2本のトンネルに駅が挟まれることから命名されたという説。いずれにしても、山間部の鉄道敷設や駅の開業は、トンネルの開通なしにあり得ない。そうした意味からも、「祝祭」のシンボルとしてトンネル餅という駅生が生み出された、と筆者は解釈している。

創始者は、小沢村（昭和30〈1955〉年、他村との合併で共和村に）で和菓子屋を営んでいた西村久太郎。トンネル餅は小沢駅の開業時に売り出されているが、昭和4年発行の小樽新聞掲載の記事体広告を見ると、「小澤駅前立売待合業　さわや合資会社」の名で上等弁当や寿し、和洋酒、

つまんだ時の感触がたまらないトンネル餅。控えめな甘さも絶妙だ。明治37年に開業し、平成4年に無人化された函館本線の小沢駅（右上）。末次商会（右下）は国道5号に面して建つ

果物、牛乳などを販売していたことがわかる。

創始者の西村久太郎はもともと画家志望で、自ら果たせなかったその夢を息子に託した。それが、のちにフランスで藤田嗣治と並ぶほど有名になった画家の西村計雄《けいゆう》である。明治42年に小沢村で生まれた計雄は、画家を断念した父に6歳から絵筆を持たされたという。当時、挽き臼が並ぶ調理場でトンネル餅や駅弁を製造していたが、その2階にアトリエが作られた。

その甲斐あって、計雄は東京美術学校（現・東京芸大）に進学。同級生には東山魁夷や岡本太郎がいた。昭和26年、42歳で単身渡仏し、パリを拠点に創作活動を続けた。ピカソの画商だったダニエル＝ヘンリー・カーンワイラーが、計雄の絵を評して語った言葉が、とても興味深い。

「どぎつさのない、和菓子のような絵だ」

その後、計雄はノートルダム寺院近くのアトリエで精力的に創作活動を続け、晩年は東京に移り住み、平成12年に亡くなっている。その前年、共

和町に「西村計雄記念美術館」が開館した。6月29日の彼の誕生日には毎年、来館者にトンネル餅と飲み物が振る舞われるという。

寅さんのロケ舞台にもなった旧店舗

話を戻す。材料の入手が難しくなった戦中には、トンネル餅も製造を中止。戦後、父親が営む鉄道弘済会に勤めていた末次敏伯が、末次商会の名でタバコや食料品を扱う売店と食堂「伯洋軒」を始め、昭和27年にはトンネル餅の製造を引き継いだ。現在は、敏伯の妻セツ子さん（昭和9年生まれ）と長男の敏正さん（昭和31年生まれ）の2人で店を切り盛りし、トンネル餅一本で商いを続けている。誕生から100有余年たつが、作り方はもちろん、大きさや形、掛け紙のデザインに至るまで、ほとんど変わっていないというからすごい。

トンネル餅は、一般に「すはま」、北海道では「すあま」と呼ばれる餅菓子だ。作り方はまず、蒸した上新粉（うるち米の粉）に、砂糖（太白）と隠し味の塩を混ぜてこねる。それを板とすだれで型取りし、最後に切り分けて柾の折に並べてゆく。棒状のものを切り分けるため、断面は板蒲鉾に似たトンネルの形になっている。

指でつまむと赤ん坊の肌のように柔らかく、口に入れると綿雪のように溶けてゆく。全体は透明感のある白だが、よく見ると、てっぺんにピンクとグリーンの淡い線が1本ずつ入っている。その理由を聞いたが、今となってはわからないという。保存料や硬化防止剤などは一切使っていないので、買ったその日のうちに食べてほしい。

セツ子さんが一枚の写真を見せてくれた。夜に撮ったせいか全体に薄暗いが、昭和45年公開の映画「男はつらいよ　望郷編」のロケが、駅の横にあった頃の旧店舗で行われた際のものだという。そこには、座布団を枕にして横になる渥美清の姿があった。トンネル餅は食べなかったそうだが、もし食べていれば、旅の疲れが少しは癒されたかもしれない。

明治38（1905）年●七飯町

大沼だんご《おおぬまだんご》

●製造　㈱沼の家
●住所　亀田郡七飯町大沼145
●電話　（0138）67－2104
★餡　小370円、大620円
★胡麻　小370円、大620円

1箱で2度おいしい名物だんご

ああ大沼だんごは　故郷の味　♪

紺碧の空　大沼湖畔
味で知られた　大沼だんご
遠い明治の昔から
花のみか紅葉にも　沼の家の
ああ大沼だんごの味のよさ

花の咲く日も　紅葉の頃も
先ずは食べなきゃ　大沼だんご
よい時代の明治のままに
花よりも　紅葉みるより　沼の家の
ああ大沼だんごで　幸せよ

だんご食べてる　あの娘がかわい
まして名物　大沼だんご
明治の味が　生きている
花もよし　紅葉またよし　沼の家の
ああ大沼だんごは　故郷の味

——CMソング『大沼だんご』より

「大沼だんご」は、一度に2つの味を楽しめる。

というのも、餡と胡麻の2種あるそれぞれの箱は中仕切りされていて、醤油団子が3対2の割合で同居しているからだ。スペースの大小は大沼と小沼を表すとか。まさに、1箱で2度おいしいのだ。

創業は明治38（1905）年のこと。その2年前、大沼駅の開業に合わせて、乗合馬車業を函館で営む初代・堀口亀吉が、上磯から大沼湖畔に移住する。函樽鉄道会社の鉄道敷設監督・宮川勇と出会い、大沼観光の将来性に着目したのだ。亀吉は移住した年に茶屋「沼の家」を開業。妻テイと米を使った団子を考案し、当初は大沼公園駅（明治40年仮停車場、同43年開業）で立売を始める。昭和17（1942）年から同25年までは、食糧の配給制などによって休業、のちに場所を大沼駅に移して立売を続けた。

団子を担いで一駅分の線路を走る

3代目の剛さん（大正15〈1926〉年生まれ）によると、「ホームで『大沼だんごー』と立売したものです。昭和30年代は作る先から飛ぶように売れました。でも、売るのは隣駅だから、一駅分を走らなきゃならない。大変でしたね」。

店舗自体は大沼公園駅前にあり、大沼駅へは片道約1㎞。その話を横で聞いていた4代目の慎哉さん（昭和31年生まれ）は、「買ってくれた人のところへ戻ると、『おいしいね』という感想を聞いた周りの人も、つられて買ってくれるんです。僕の頃は隣駅まで運ぶ時、カゴに入れた団子を手で押さえながら、自転車を走らせました」。

団子には自家製粉のしん粉を使い、蒸してから急激に冷やし、そして搗く。このやり方で、独特の食感が生まれるのだという。昔はすぐに固くなった道産米だが、今は品質が向上したので使っている。また、醤油味にはメーカーに特注した専用の生醤油を使い、ゴマは自分の店で擂る。賞味期限は1日限りだ。

以前は、深夜1時に作りはじめ、朝9時から夜7時まで駅売りしていた。今は楽になったとはい

醤油と餡・胡麻を組み合わせた、1箱で2度おいしい大沼だんご。大沼公園駅前にある沼の家の店舗（左上）。床の間に掛けられた大正時代の俳人・上田聴秋が詠んだ句の自筆掛け軸（右）

え、仕込みは毎日朝5時半には始める。家族一丸となって商うやり方は、これからも変わらないという。それが沼の家のスタイルで、「ほどほどにすれ」という初代の言葉の実践でもある。

客は、観光客より地元客の方が圧倒的に多い。「常連さんに、いつ食べてもおいしいと思ってもらいたい」という言葉からは、100年以上続く老舗の自負が伝わってくる。また掛け紙には、俳人の上田聴秋が大正初期に詠んだ「花のみか　紅葉にも此　だんご哉」の句が書かれ、「だんご」の文字の代わりに串だんごの絵が描かれているのがおもしろい。聴秋の自筆による同句の掛け軸は、今も沼の家の床の間に飾られている。

さて、冒頭のCMソング「大沼だんご」は、昭和40年頃に録音されたもの（平成17年にCD化）。「故郷の味」をアピールするこの曲は、道南エリアで幼少期を過ごした人には、懐かしいメロディーだという。大沼公園の顔は、道南地方の顔でもある。

明治38（1905）年●池田町

バナナ饅頭《ばななまんじゅう》

●製造　㈱米倉商店
●住所　中川郡池田町字大通1－27
●電話　（015）572－2032
★1箱（8本入り）600円

バナナが貴重品の時代に誕生

よもやバナナが、ダイエット食品に祭り上げられるとは夢にも思わなかった。あの「朝バナナダイエット」のブームには、ずいぶん驚かされたものだ。筆者が子どもだった昭和30年代、バナナと言えば「運動会に欠かせないハレの果物」と相場が決まっていた。それほど、普段はなかなか食べられない高価な果物だったのである。

明治38（1905）年4月、前年12月の池田駅開業にともなって、「米倉屋」の屋号で呉服や雑貨を商っていた山梨出身の米倉三郎が、駅弁の製造・販売に乗り出す。この時、初めて売り出したのが、鶏肉や卵をだし汁で炊き込む「親子弁当」だった。これに加えて、人気のある生菓子も販売したいと考えた三郎は、本州の土産品を参考に日夜研究を重ねたという。

その結果、安価で魅力ある菓子として、バナナを模した饅頭を考案。小麦粉にバナナエッセンスを加え練り上げた皮で白餡をくるみ、上京した際に購入したバナナ状の焼き型で焼き上げる、というものだった。これこそが、同38年7月に売り出され、のちに池田駅の名物となった「バナナ饅頭」である。本物のバナナは一切入っていないものの、

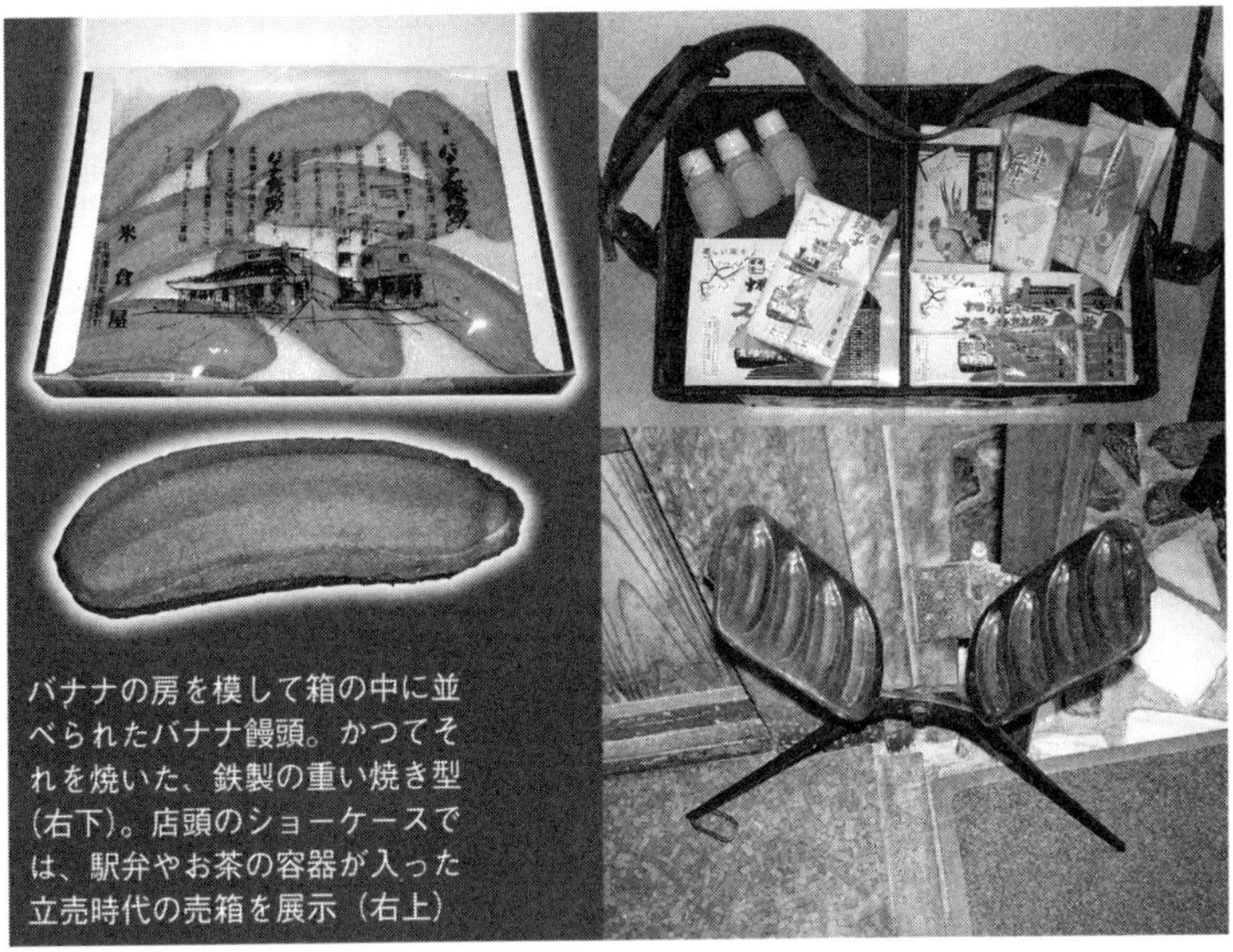

バナナの房を模して箱の中に並べられたバナナ饅頭。かつてそれを焼いた、鉄製の重い焼き型（右下）。店頭のショーケースでは、駅弁やお茶の容器が入った立売時代の売箱を展示（右上）

パッケージに書かれた「珍菓」の文字にふさわしい、当時としては画期的な商品だった。

ただ、その独特の形状もあって、焼くのはひと苦労だった。最初は1本ずつ両手に持って操作する、真鍮製の焼き型を使っていた。焼き型1個につき饅頭は2個焼けるが、一人で一度に4個しか焼けず、効率が悪い。今も残るその焼き型を一つ持たせてもらったが、半端じゃない重さで腕にずしりときた。しかも、焼きはじめると先の方が熱くなる。やがて端を持つしかなくなり、ただでさえ重い焼き型がますます重さを増すのだ。

こうした重労働のため徐々に焼き手が減り、しかも売れ行きに生産が追いつかない。そのため、昭和48（1973）年に機械を導入し、作業を自動化した。機械で焼く場合は、楕円形に並んだバナナの焼き型にタネを流し込み、その上から白餡を落とす。続いて型の台が回転し、1周したところで焼き上がる。夏場には、8個入りが1日最大1000箱売れる。それも、10時間ひたすら焼き続けての数だ。手焼きの頃は、１０００箱なんてとても無理な注文だった。

衰えることを知らないその人気

バナナ饅頭は、8本入りの紙箱がメインだ。蓋を開けると、中の饅頭は一見てんでばらばらな方向に入れられているように見える。でも、何やら意味ありげでもある。5代目の米倉寛之さんに聞くと、箱全体でバナナの房を表しているとのこと。以前は経木の箱に詰めて売り、今より少ない7本入りだった。それが現在のスタイルに変わったのは、昭和30年代半ばのことだという。

かつては駅のホームで立売され、6、7人の売り子がバナナ饅頭や弁当を販売。飛ぶように売れるため、店と駅を何度も往復したという。現在はJR池田駅正面の「レストラン米倉」で販売するほか、池田駅内のキヨスクや池田ワイン城内の売店、特急列車の車内販売でも買える。さらに最近では、ＪＲ札幌駅の「どさんこプラザ」などにも置かれるなど、その人気は衰えることを知らない。

個性的な姿形に加え、１００年余りの歴史を持つこともあってか、近年はイベントや催事でもよく声が掛かる。平成18年、池田―北見間のふるさと銀河線が廃止された際には、レストランに展示されたバナナ饅頭の古い掛け紙を見た地元ＦＭ局のスタッフから、出品の依頼が舞い込んだ。銀河線の最後を飾るイベントなので、昔の掛け紙を復刻したバナナ饅頭を車内販売したいと言うのだ。旧池北線の歴史に幕を閉じるのにふさわしいこの企画は、大好評をもって迎えられたという。

バナナ饅頭で経営基盤を築き上げた米倉屋は、昭和32年に「米倉商店」へ改組。初代の三郎に始まり、基之、寛、妻の圭子を経て、現在は5代目の寛之さん（昭和40年生まれ）が跡を継ぐ。

「昔を語れる人はもういません。でも、若い人もバナナ饅頭を買ってくれるし、皆さん愛着を持って見守ってくれています。これからも変えずに作り続けて、次の世代に残したいですね」

明治38（1905）年●函館市

三色だんご《さんしょくだんご》

●製造　若竹三色だんご本舗
●住所　函館市湯川町2－4－31
●電話　（0138）57－6245
★5本入り　750円

湯の川温泉が誇る名物団子

温泉と団子といえば、夏目漱石の小説「坊ちゃん」を思い出す。団子をふた皿食い、道後温泉の湯で泳いだ坊ちゃんは、生徒たちのからかいの的となる。その団子屋のモデルとされるのが、明治16（1883）年創業の「つぼや菓子舗」。「坊ちゃん団子」と名づけた、緑・黄・黒の三色だんごを大正10年頃に創案し、今では同じ団子を作る店がいくつもあるほどの名物となった。

温泉と三色だんごの組み合わせなら、函館の湯の川温泉も負けてはいない。温泉街の一角、汐見橋のたもとに、「三色だんご」で知られる「若竹三色だんご本舗」がある。雑誌ホトトギスに「坊ちゃん」が掲載されたのは明治39年のことだから、若竹はその前年に創業したことになる。

2、3人も入ればいっぱいになる、小ぢんまりとした店内に入って奥に声をかけると、白髪の婦人が目をくりくりさせながら現れた。昭和3（1928）年生まれの店主・竹内美代子さんである。活きのいい言葉がぽんぽん飛び出す。東京・浅草の生まれと聞いて納得した。若き日には、日本橋の三越で経理を担当していたモダンガールだ。

ある時、売り場を探す男性客を案内して、「ハラマキ売り場はこちらです」と言うと、客はびっくり。「それがね、探していたのはハラマキじゃなくて、アラマキだったのよ。『アーッ！』って感じ。でも結局、それが縁で結婚したの」。アラマキとは新巻鮭のこと。三越で新巻を探していたのが、のちにご主人となる故竹内一郎さんだった。

「ちょっと待ってくださいね」と言って奥に引っ込んだ美代子さんは、大きな木ベラを手に戻ってきた。先が磨り減った餡煉りベラで、表面に「湯の川♨」と「若竹」の焼き印が捺されている。

「70年以上前のものです。樫の木だからすごく堅いのに、あんこを煉り続けてこうなったの。じいちゃんと主人の汗がしみ込んでいるのよ」

あ、そうそう、とまた奥へ引っ込んで現れた手には、四角い木札が握られていた。表面には「第一五〇號　門鑑之證　函館㊣今井」の文字がある。これは、かつて十字街の近くにあった丸井今井百貨店の出入り業者しか持てなかった鑑札だ。若竹も百貨店で販売していた時代があった。

これは戦前のものと思われるが、美代子さんが嫁いでからも、百貨店に置いたことがあった。しかし、商品を並べるショーケースの中に蛍光灯がついていて、その熱で団子が乾いてしまう。一郎さんは、「これじゃ、団子の味が変わってしまう」と、たった3日で引きあげてしまったそうだ。

飽きずに楽しめるよう餡に工夫

さて肝心の団子は、長さ115㎜の竹串に直径27㎜の団子が3つ刺さっている。先の方から白、緑、黒の三色で、白は表面に黒ゴマを散らした幸福豆を使う餡、緑は静岡の抹茶を使った餡、黒は十勝の小豆餡。餡はすべて手煉りするため、1日に200個ほどしか作れない。また固くならないよう、それぞれ中に求肥の団子が入っている。独特の工夫は、玉によって餡の甘みに変化をつけていること。3個とも同じ甘さだと味が単調になってしまう。そこで飽きずに楽しめるよう、食べ進むほど甘みが強くなるようにしている。

店主の竹内美代子さんは湯の川温泉の看板娘（右上）。その晴れやかな笑顔と江戸っ子らしい歯切れのいい口調が楽しい。若竹色の包装紙を開けると、かわいらしい三色だんごの姿が……

ご主人が病に倒れ入院した際、「私が餡をぐつぐつ煮込んでいたら、病院を抜け出してきた主人が、『これは何だ！』と捨ててしまったこともあったの。でも、最後に団子の作り方を教わって、なんとか間に合いました」。でも、一人で店を続けていくのが辛く、弱音を吐いたこともあった。すると、温泉宿の女将に「頑張りもしないで暖簾を下ろすってかい」と叱咤されたという。

ある時、〝湯の川の三婆〟と呼ばれた千登勢旅館の笹原チセ、グランドホテルの鈴木よね、竹葉旅館の大桃きえの三名物女将に、突然呼び出されたことがある。そして、「今日はいいお客さんがくるから」と、自分たちのポケットマネーで団子を買って配ってくれたのだという。

「涙が出るほどうれしかった。湯の川は人情がある、だからそれに応えなくちゃって頑張ったの」

団子と笑顔に元気をもらって

団子を受け取って帰ろうとすると、「あっ、

竹内さんに昔の話をうかがっているうちに、思い出の品が次々と登場。その場にいるだけで、幸せな気分になってくる。お土産をもらって外に出ると、売切れの札（右下）が出された

ちょっと待って」。またまた奥に駆け込む。
「金庫を整理していたら、青カビのついた巾着が出てきたの。その中に入ってたコレ、差し上げます。あたしが磨いたのよ。だってあなた、なんだかうちの息子に似てるんだもの」

息子さんはアメリカで暮らしているそうだ。驚いたまま押しいただくと、紅白の紐を穴に通した天保銭で、どうやらお守りのよう。それだけで終わらなかった。店先にあった段ボール箱を開けて何かを取り出す。「ちょうど昨日届いたの。来年のタオル、縁起がいいから1本どうぞ」。

三色だんごが食べられるだけでも充分縁起がいいのに、この日は福の神がいっぺんに押し寄せてきたようだった。そして何よりも、美代子さんから伝わってくる元気の塊が、最高の頂き物になった。外に出ると、あとから美代子さんも出てきて、ショーウインドーに何やら札を置いた。
「（済みません）本日売切れました。若竹」

菓子折の紐を解き、包装紙を開くと、汐見橋が描かれたかわいい紙箱が現れる。その蓋を開けると、5本の団子が三色の彩りで目を楽しませてくれる。そこに美代子さんの笑顔が重なり、胸の中がぽっと温かくなった。

明治39（1906）年●札幌市

月寒あんぱん《つきさむあんぱん》

●製造　㈱ほんま
●住所　札幌市豊平区月寒東2-3-2-1
●電話　（011）851-1264
★月寒あんぱん（こしあん、南瓜あん、黒糖あん、黒胡麻あん、抹茶あん）各1個120円～

兵隊さんに愛されたおやつ

アンパンといえば、ふわっとふくらんだ菓子パンを思い浮かべる人が多いはず。でも、この「月寒あんぱん」は、直径約85㎜、厚さ約20㎜。平らな見た目や引き締まった感触は、むしろ月餅に似たまんじゅうだ。これはアンパンじゃないとの声もあるが、歴史的経緯も踏まえ、筆者はやっぱりアンパンと呼びたい。

明治期のアンパンといえば、木村安兵衛が明治7（1874）年に銀座で創製した「酒種あんぱん」がよく知られる。月寒で菓子屋を営んでいた仙台出身の大沼甚三郎は、まだ見たことも食べたこともないそのアンパンを、なんと想像力で創り出してしまう。大沼の新商品は「連隊パン」などとも呼ばれ、月寒の独立歩兵第1大隊（のちの歩兵第25連隊）兵営内にある酒保（売店）では、甘いものを求める兵隊に飛ぶように売れた。

その後、連隊の正門前を通る月寒中央通沿いには、大沼の店から暖簾分けした7軒が軒を並べ、それぞれ風味の違うアンパンを売るまでになっていく。その中の1軒が、「月寒あんぱん本舗（ほんま）」だった。明治39年、当時17歳だった新潟県東蒲原郡大原村出身の本間与三郎が創業。妻と一緒に煉瓦のトンネル窯でアンパンを焼き、兵営に運んだ。値段が1銭と低価格であったこともあり、本間のアンパンは人気を博す。

明治43年、現在の豊平地区が札幌区に編入され、豊平にあった町役場が月寒へ新築移転することになる。当時、平岸の住人が月寒へ行くには、かなりの回り道しかなかった。そこで、月寒と平岸を最短距離で結ぶ、新しい道路の建設が計画されるが、財政難もあって予算がつかない。困った町長は連隊長に頼み込み、第25連隊の兵士たちの力を借りて道路工事を進めることになったのだ。

そのお礼に、地元からは工事に従事する兵士に、名物のアンパンを毎日5個ずつ差し入れることに――。そんなエピソードから、国道36号の月寒通と国道453号の平岸通を結んで開通した2・6㎞の道は、いつしか「アンパン道路」と呼ばれるようになったのである。

「ほんま」は、与三郎の郷里の名を入れた「大原屋本間商店」の名で創業。経営は2代目の静夫らを経て、平成18年には5代目の本間幹英さんが受け継いだ。幹英さんは2代目の孫にあたる。

創業100周年を祝い復刻版が登場

工場に併設された総本店の店頭には、1枚の古い写真が飾られている。昭和17（1942）年に工場で撮られたもので、丸い饅頭のようなものが並ぶ。「こんな饅頭も作っていたんですか?」とたずねると、それこそが月寒あんぱんだという。男性工員が皮に餡を入れて包んだ状態だそうで、そのあと女性がたたいて平たくすると完成形になる。当時はすべて手作業で、機械が導入されるのは昭和40年代以降のことだ。

作り方は、まず水と蜂蜜、重曹を混ぜたものと小麦粉を合わせて皮を作る。その皮でこし餡を包み平らにしたあと、卵を塗って15分ほどオーブンで焼き上げ、これを冷ます。やがて中身が落ち着くと、表面にシワができてあの形状になる。

創業100周年を迎えた平成18年には、「復刻

白石中の島通に面した総本店兼工場（左上）。左下は店内に飾られる、昭和17年に工場内で撮られた写真。作業台の上に見える丸い饅頭のようなものが、平らにする前の月寒あんぱんだ

版　月寒あんぱん」を発売。手がけたのは技術顧問の池端春雄さんで、記録と記憶を頼りに材料や製法を当時のまま再現し、手作りしたものだ。サイズは今よりひと回り大きく、直径が約15㎜、厚さは2㎜ほど大きい。色は復刻版の方が淡く照りも少ないが、シワは今より多い。見た目は、私が記憶する昔の月寒あんぱんにかなり近い。

復刻版の味は、甘い。砂糖と水飴をより多く使うため、独特のコクがある。食べるほどに体中に染み渡っていくようなこの甘さは、たちまちエネルギーに転換されそうだ。明治末のアンパン道路建設の際、兵士たちにとっては格好の活力源となったことだろう。

この復刻版、期間限定の予定だったが、「やめないで」の声に応えて販売を延長しているうちに、レギュラー商品となっている。また、平成22年には黒胡麻あんや抹茶あんの新味に加え、片手で食べられる手軽なスティックタイプも登場。新製品の開発に積極的に取り組んでいる。

明治39（1906）年●札幌市

柳もち《やなぎもち》

最盛期は1日1500折を販売!

手のひらにすっぽり収まる小さなお菓子にも、人間と風土に根ざした物語がある。そんなことを実感させてくれるのが、「柳もち」だ。出合いは半世紀前。幼い頃の筆者が食べられたのは、赤平に住む祖母のところへ出かける時に限られた。というのも、札幌駅の構内でしか売っていないお菓子だったから。

昭和30年代前半、それは12個入り50円。母は一緒に「苺もち」も買った。苺もちは淡いピンク色のすあまで、絶妙なネーミングだと思う。こちらは、昭和50年代前半まで現役だった。いずれにしろ、滅多に食べられない柳もちは、祖母の家に行くうれしさとも相まって、筆者の中ではずっと〝ハレのお菓子〟の代表格として生き続けている。

柳もちは、札幌駅立売商会の前身の一つである「北間屋《きたまや》」の商品として、明治39（１９０６）年に創製された。北間屋を創業した洲崎庄次郎は、同37年に「料亭北間屋」を開き、のちに旅館「松屋」を経営。当初は、その旅館で柳もちなどを作っていた。庄次郎の出身地は、金沢市の北部に位置する洲崎町（現金沢市須崎町）で、北間屋の屋号は洲崎町の隣にある北間町にちなんだもの。

●製造　㈱札幌駅立売商会
●住所　札幌市東区北８東２
●電話　（０１１）７２１-６１０１
★10個入り　６００円

かつて札幌駅の人気駅生だった「苺もち」の掛け紙（左）と現在の柳もち（中央）。右上は往時の工場の様子。その下は、北海道炭礦鉄道時代に駅構内の立売業者に出された、明治34年の入場鑑札

北間屋では、柳もちのほかに五色餅や鶏卵饅頭、キャラメルなども販売。筆者の母が好んだ苺もちは、同時期に札幌駅で立売する井上直之が扱った。井上はほかにも羊羹や果物などを販売。その後、熊谷清治郎が「キャラポン」、犬石庄太郎が「札幌最中」と、昔は生菓子類が弁当に劣らぬ人気を駅で得ていた。このように何人もの立売業者がいた札幌駅だったが、戦時体制が強まった昭和18（１９４３）年9月、駅弁業者が集まり「有限会社札幌駅構内立売商会」を設立。その結果、柳もちや苺もちも立売商会の商品となっている。

人気の駅生だった柳もちは、昭和20年代までが全盛期だった。特に毎年6月中旬の札幌まつり（北海道神宮例大祭）には、近郊の炭都からやってきた人々が、帰りがけに5折、6折と抱えるように買って帰ったそうで、多い時は1日１５００折以上が売れた。金沢では竹皮に包むが、札幌では最初から経木の折り箱で販売。現在、個数は12個から10個となり、1個ずつ小部屋に納められてい

る。粘りと腰がある道産のはくちょう米を使う餅が、黒々と艶のある十勝産の小豆餡で包まれ、見るからに食指をそそられる。こうして札幌駅で100年以上売られてきた柳もちだが、残念なことに現在、その存在を知る人は少ない。

柳もちは、白い小餅の周りを小豆の餡でくるんだいわゆる〝あんころ餅〟だ。加賀（金沢）といえば、古くから銘菓を生み出してきた土地柄だが、あんころ餅もその一つ。要するに、北海道に移住してきた金沢出身の庄次郎が、故郷の銘菓を札幌の地で再現したというのが実のところだろう。

ルーツは金沢のあんころ餅にあり

あんころ餅という名前は、餅の周りに餡を衣のように付ける意の「餡衣餅」が転訛したという説がある。とりわけ京都や加賀では、夏の土用の入りに暑さを乗り切るために食べる一般的な生菓子でもある。では、なぜ柳もちなのか。庄次郎の孫で札幌駅立売商会の洲崎昭圭さんによると、「実は金沢駅でも、『柳餅』という名のあんころが売られていたんです」。

こうして、柳もちを巡る筆者の旅が始まった。

金沢周辺に残るあんころ餅の中でも、よく知られるのが津幡《つばた》の「きびあんころ」と、松任《まっとう》の「圓八のあんころ」だ。きびあんころは創業100年を超える「庭田あんころ屋」が、きびもちのあんころを創業時と同じ製法で作り、以前は津幡駅で立売。一方、元文2（1737）年創業の圓八のあんころは、北陸本線が開通した明治31年から平成9年まで、松任駅で立売された。そしてもう一つ、ずばり「柳餅」という名のあんころが、金沢駅で立売されていたのだ。

金沢駅では明治期の北陸本線開通にあわせて、安宅某が「柳餅」の名であんころ餅を立売。その後、数社を経て昭和40年頃から「北一商店」の山本三郎が引き継ぐ。三郎の長男・勝介さんは30年近く、真夜中に作りはじめ朝4時に駅へ売りに出る生活を続けたが、体を壊して平成5年頃に廃業。

こうして金沢駅から柳餅は消えた。

ところで、柳餅の由来は鎌倉時代に遡る。浄土真宗の開祖・親鸞上人が、越後の国に流された際、妻の玉日姫が京の町から越後へ向かう。しかし途中にあばれ川があり、そこに架かる柳橋を渡るのに難渋した。その時、お世話になった地元の人へのお礼にと、玉日姫が教えたのが団子の製法で、これがのちに「柳橋団子」とか「柳団子」と呼ばれ、街道筋の茶屋で売られるようになったという。

札幌が誇るべき100年菓子

金沢駅から消えた柳餅の包装紙が、筆者の手元にある。これは金沢の老舗菓子店のご主人が、見つけて送ってくれたものだ。諸江吉太郎さんは、嘉永2（1849）年の創業以来、銘菓落雁で全国に名が知られる「諸江屋」の6代目。諸江さんは加賀の伝統菓子への造詣が深く、研究者としても知られる。その諸江さんと何度か電話でのやりとりを重ねたある日、荷が届いた。箱を開けると、柳餅の資料とすでに販売を終えた柳餅の包装が入っており、添えられた手紙にはこう書かれていた。「由来を大切に引き継いで下さいませ」。

札幌と金沢を結ぶ柳もちの物語は、ここで終わるはずだった。ところが、金沢駅で柳もちが復活したのである。製造、販売するのは、昭和35年の創業以来「加賀あんころ」を作ってきた高川栄泉堂。早速、現地に向かい買い求めた。竹皮で包むのは同じだが、餅は緑の草餅である。栄泉堂社長の高川健蔵さんによると、「先代が柳餅の奥田さんの店にいたんです。そこで製法を教わった縁から、平成19年の金沢駅開業100周年に合わせて、昭和10年の包装を復刻して発売しました。柳餅はもともと、白とよもぎがあったんですよ」。

富山や香川などでは、正月に紅白の餅を柳の枝につける風習が残る。その名も柳もち。縁起菓子にふさわしい遺伝子を持ち、北海道開拓の歴史をも伝える柳もちは、札幌が誇るべき100年菓子なのだ。

明治44（1911）年●小樽市

澤の露《さわのつゆ》

●製造　澤の露本舗
●住所　小樽市花園1－4－1
●電話　（0134）22－1428
★袋入り　300円～
★小缶入り　600円

水飴を使わず生み出される琥珀色

まさに〝吸い込まれるような〟という表現がぴったりの、不思議な美しさ——それが、「澤の露」の飴玉を見ての感想だった。筆者にとっては、かつての「水晶あめ」という呼び名の方がしっくりくる澤の露は、明治44（1911）年に発売されている。当初の商品名は「水晶あめ玉」だったが、これでは商標登録できないことがわかり、のちに澤の露に改名した。チョコレート製品を「チョコレート」という商品名で、独占的に登録できないのと同じ理由である。

名称を変えたのは昭和10年代のことで、初代である澤崎浅次郎の名にちなんだ。浅次郎は福井県三国の出身で、明治43年に小樽へ移住する。澤崎家は福井でも菓子屋を営んでいたが、小樽は交易の盛んな町で材料も入手しやすいため、移り住んだといわれている。昭和32（1957）年には、旧阿寒町雄別出身の高久信夫が引き継ぎ、平成2年以降はその3男である文夫さんが3代目を継いで、現在に至っている。

「澤の露は、本当は飴じゃないんです」

高久さんにそう言われた時、何を言っているのか意味がわからなかった。「飴と言えば、水飴と

花園銀座通に面した愛らしい店舗（左上）には、古い看板や写真、昭和10年頃に使われた北海製罐製の長缶（中央）など、歴史を伝える品々が並ぶ。右上は黄金色に輝く独自製法の飴玉

砂糖から作られます。でも、澤の露は水飴を使いません。サトウキビの砂糖だけで作り、あとは香料を入れるだけ。津軽の人は『これは飴じゃない』といい、ある人は『これは砂糖菓子だ』といいます。確かに、水飴を使わないで作る飴なんて、世界中のどこにもないと思いますよ」。

なぜ、他所ではこうして作らないのか。コストと手間がかかる上、量も多く作れないからだ。普通の飴は、電球くらいの熱で柔らかく加工でき、大量に作ることも可能だ。しかし、水飴を使わない澤の露は、固くなったらそれまで。柔らかいうちに加工作業を終えられるよう、ギリギリの量で少しずつ作らなくてはならない。砂糖を煮詰め、水分を飛ばして急速に冷やし、少し焦がすことで、あの黄金の琥珀色が生み出されるのだ。

銅鍋で煮詰め、水で冷やすやり方は昔と変わっていない。ただし、以前から使うイギリス製の香料が、製造元の倒産で入手できなくなったため、今はフランス製の天然レモンオイルを使う。砂糖と香料が命なので、材料のサトウキビ糖も含め値の張るものを使用。そうすると、当然コストが上がり、原価は飴1個あたり約20円にもなる。

「うちのは一度食べたことがないと、高くてなかなか買えません。ネットで注文してくる人も、食べたことがある人ですね。画像だけ見てほかの飴と値段を較べたら、私でも買えません。食べたことがあれば、価値はわかるんですが」

さらにここ数年、原材料である砂糖の値段が高騰。平成19年から使用量を調整し、なんとか価格を据え置きにしてきたが、それもそろそろ限界にきているという。

シックな黒スチール缶が定着

澤の露と言えば、黒の四角いスチール缶が思い浮かぶが、以前は黒のほかに朱色の缶などもあった。戦前は海苔や茶筒のような円筒形の長い缶もあり、それは今も店頭に飾られている。容器に缶を使いはじめたのは、大正10（1921）年創業の「北海製罐株式会社」に頼まれたのがきっかけだった（小樽工場は昭和6年に建設）。缶の注文単位は、1ロットが鉄板1巻分。缶の数に換算すると「何万缶かなあ……」。気の遠くなる話だが、在庫の関係で今は黒缶だけになった。

以前の缶は、黒の地に下地であるスチールの銀白色が入っていた。しかし、あまりに地味だったことから、平成10年頃に黒地に金色の文字で統一し、上蓋の裏側も金色にしている。このように、澤の露といえば黒いスチール缶のイメージが定着しているが、現在はプラスチックケース入りの商品も扱っている。

さて澤の露の特徴は、なめると糖質がすっと溶け出し、ストレートに脳を刺激してくれること。また疲労回復に役立ち、空腹感を抑えるのにも効果的だという。飴玉のひと粒ひと粒が、それぞれに異なる光の紋様を放つ水晶飴。その美しいさまは、眺めているだけで世の中の些事をたちどころに霧散させてくれる。

北海道は駅生王国だった!

明治期から昭和前期にかけて隆盛を誇った、百年菓子「駅生」の歩み

駅売りの生菓子、
それが「駅生」

「べんとー、べんとー、お茶はいかがですか〜」

駅のホームに列車が入るたび、肩から木箱を提げた売り子たちが声を張り上げて走りまわる。乗客も窓から身を乗り出して売り子を呼び、ある者はデッキから降りて駆けつける——。

そんな光景も、今は昔。客車に冷房が導入され、以前のように窓を開けて駅弁を買うことができなくなってしまった。しかも、ダイヤがスピードアップされ、停車時間は一気に短縮。急行が減り、特急も停まらない駅が増えたため、今は短ければ30秒、長くても分単位。これでは、売店まで命がけで走っても、買い求めるのは難しい。

その昔、駅の立売業者が製造、販売していたのは、駅弁だけではなかった。自家製の生菓子や半生菓子なども立売し、売店に置いた。こうした駅売りの生菓子類を、筆者は思いをこめて「駅生」と呼ぶ。さらに、駅生のほとんどが餅・饅頭・団子の類な

国鉄日高線での立売風景(昭和61〈1986〉年、撮影=坂東忠明)

ので、本書ではこれらを〝駅生御三家〟と命名したい。

主要駅を出発後、小腹が空く時間帯に停車する駅が、駅生販売の好適地となる。また、始発駅や乗換駅のように、乗降客の多い要衝の駅も格好の商い場所となった。当時の駅生は、自分用に買うのはもちろんだが、家族や知人などへの手土産としても人気があったのである。

北海道では銭函駅を第1号に、鉄道網の拡大とともに各地で販売されるようになる。道内には昭和37年の時点で、53の鉄道路線が縦横に張り巡らされていた。広大な土地に毛細血管のように広がっていた鉄道網を考えると、北海道ではほかの都府県を凌ぐ駅生ワールドが展開されていたことを理解できるはずだ。

鉄道網の発達に歩を合わせ隆盛

しかし、こうした道内の駅生についてのまとまった資料はなく、断片を伝えるものもほとんど残されていないのが実情だ。そんな中、昭和4（1929）年8月6日付の小樽新聞（北海道新聞の前身）に掲載された「全道驛賣名物案内」と題する記事体広告は、非常に貴重な記録である。〝駅生王国北海道〟の勢いがリアルに伝わってくる、その絢爛たる顔ぶれを別表（p54）で紹介するのでご覧いただきたい。これら紙面に登場した24種類の駅生以外にも、筆者が見てきた古い掛け紙の中には、同時期に販売されていたと思われる未掲載の駅生がある。これも別表に加えると、掲載したものだけで実に40種類におよぶ。

明治期から昭和前期にかけて駅生が隆盛した背景はこうだ。

大正時代に撮影された札幌駅構内立売人の雄姿（『北海道鉄道百年史〈下巻〉』より）

移動距離の長い北海道の鉄路の旅では、途中で腹ごしらえをする機会も多く、駅弁とは役割の異なる駅生の需要が多かったと思われる。同時に、北国の冷涼な気候も、デリケートな生菓子にはプラスに働いた。さらに、多種多様なお菓子が氾濫する現代と違い、駅生の菓子折は、価格、分量、パッケージ、そして味わいのいずれをとっても稀少な存在だったのである。

　おやつとして、土産として、大いに重宝された昭和初期の駅生は、「饅頭」「餅」「団子」の〝駅生御三家〟が全体の9割を超えていた。これは当時、この御三家が日本人の主たるおやつだったことによる。まだ食糧が充分に行き渡っていない時代だけに、庶民のお菓子には、食事に準ずる腹持ちのよさも求められていたのだろう。

駅生も扱った札幌駅のホーム売店（写真右、昭和28〈1953〉年11月、札幌駅立売商会提供）

逆境を乗り越え　今も残る駅生の数々

さて、平成18年4月20日、道東の池田と北見を結ぶ第三セクター北海道ちほく高原鉄道ふるさと銀河線（旧池北線）が廃止された。このとき運行された記念列車では、池田駅「バナナ饅頭」の復刻ラベル版とともに、陸別駅で売られていた「栗饅頭」が復活販売された。

　この廃止により、道内の鉄道

路線は津軽海峡線を入れてもわずか14路線となった。路線数だけでみれば、昭和37年のおよそ4分の1という激減ぶりだ。

　高度成長期以降、駅生にとっては逆風が吹きまくった。モータリゼーションの進行による乗客の減少、合理化による支線枝線の廃止、私鉄の撤退、駅の無人化、売店の撤去、冷房による窓の閉鎖、停車時間の短縮、多様な菓子の出現などなど。いくつもの要因が連動し、道内から多くの駅生が姿を消した。

　だからこそ、今も現役で頑張る駅生たちは、地域を代表するお菓子にとどまらず、もはや北海道の歴史を伝える食文化ともいえる存在になっている。ここにその9品を、写真で紹介する（カッコ内は当初の販売駅と販売開始年、本書掲載ページ）。

トンネル餅
（小沢駅・明治37年、p26）

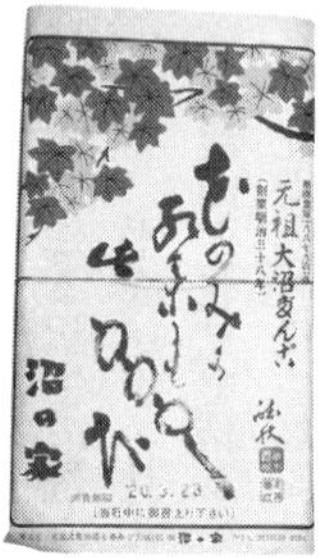

大沼だんご
（大沼公園駅・明治38年、p29）

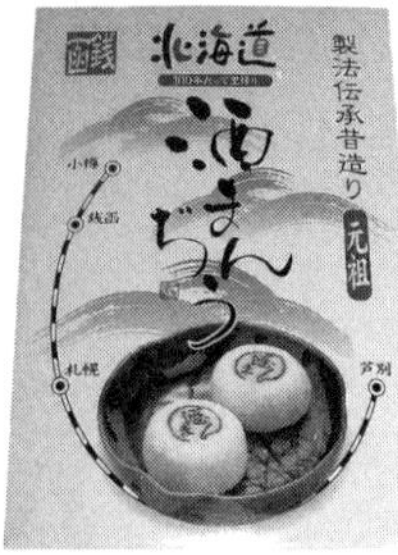

酒まんぢう
（銭函駅・明治13年、p11）

えべつまんじゅう
（江別駅・明治18年、p14）

煉化もち
（野幌駅・明治35年、p20）

バナナ饅頭
（池田駅・明治38年、p32）

柳もち
（札幌駅・明治39年、p42）

ウロコダンゴ
（深川駅・大正2年、p56）

栗まんじゅう
（栗山駅・昭和6年、p97）

今も残る駅生は
未来に残すべきお菓子

駅の立売がなくなった現在、これらの駅生を買えるのは、駅の売店か製造元の直営店舗くらいになってしまった。特急の車内で販売するものもあるが、その場合は事前に予約をして車内で受け取る方式が多い。最近は札幌駅の「どさんこプラザ」のような、地域名産品の販売店で見かける機会も増えた。

でも、駅生を最高の状態で味わうなら、現地に足を運び、その菓子を生み育んだ風土を肌身に感じながら、直接製造元の店舗を訪ねて購入したいものだ。そこで、地元の人と声を交わしながら買うのが、駅生に最もふさわしい味わい方だと筆者は思っている。

今では9種類しか残っていない北海道の駅生。昭和初期の隆盛ぶりを知ってからこの数をみると、寂しさは隠せない。でも、全国的にみれば、現在の北海道の駅生の多彩な顔ぶれと内容の濃さは、特筆に値する。

小豆や白花豆を始めとする豆類やビートなど、菓子の原材料の宝庫として、すでに大きな信頼を確立する北海道。加えて近年は、道内で作られる菓子そのものが注目を浴びている。その背景には、安全ですぐれた品質の素材を生みだす原産地という、これまで地道に培ってきた実績がある。

保存料などを使わない、昔ながらの製法で作られる北海道の駅生は、まさに懐かしくも新しい、未来に残すべきこれからのお菓子なのである。

◇「全道驛賣名物案内」（小樽新聞・昭和4年）掲載店

千島餅（森駅、ヤマカ阿部旅館）
大沼だんご（大沼駅・沼乃家）
とき和餅・栗まんぢゅう（長万部駅、とき和屋）
鶴の子饅頭・洞爺湖餅（虻田駅、大木北星堂）
登山餅・鶏卵饅頭（倶知安駅、㊀小林榮太郎）
とんねる餅（小澤駅、さわや合資会社）
花園團子・七福煎餅（小樽駅、Ⓚかめや）
ハイカラ饅頭（小樽駅、(勝)鶴田待合所）
田舎まんぢう・五色もち（追分駅、小野寺新平）
百合まんぢう・こころもち（継立駅、㊉鵜川待合）
惠比須饅頭・羽二重餅（岩見沢駅、寅屋商會）
瀧川豊年まんぢう（瀧川駅、(英)本宮英輝賣店）
ウロコ團子・百合饅頭（深川駅、高橋順治）
築港餅・千鳥饅頭（留萌駅、(吉)古川待合所）
胡桃餅（名寄駅、角舘待合所）
常磐餅・蝦夷饅頭（落合駅、(さ)さぬきや）
千種團子（上生田原駅、吉田タキ）
餅・饅頭（野付牛駅、㊥開雲堂中田待合所）
ゑび焼・キミ餅・カステーラ饅頭（網走駅、寶玉堂高田宗次郎）
マンヂウ（陸別駅、(梅)河本福太郎）
都餅・寶饅頭（本別駅、(赤)赤間リノ）
日本八景狩勝羊羹・レモンマンヂウ（新得駅、㊁加藤待合所）
バナナ饅頭（池田駅、米倉待合所）
牡蠣羊羹（厚岸駅、氏家製菓店）

◇筆者追加分駅生

大福餅（黒松内駅、わかさ屋）
和仁志まんぢう（東輪西駅、とき和）
王子まんぢう（苫小牧駅、中内）
古代文字饅頭（南小樽駅、吉田屋）
スズランまんぢゅう（小樽駅、鶴田待合所）
甘酒まんぢう（銭函駅、若狭）
くるみ餅（定山渓駅、かにたや）
柳餅・五色餅（札幌駅、北間屋）
苺餅（札幌駅、まつ屋）
煉化餅（野幌駅、佐野商店）
饅頭（江別駅、松丸）
栗饅頭（栗山駅、美津和商会）
瀧川饅頭（滝川駅、新谷待合所）
大雪饅頭・登山餅（上川駅、増屋）
蜂蜜まんぢう（遠軽駅、岡村）
海苔まんぢう・ごまだんご・いそべまんぢう（稚内駅、(榮)出家待合所）

伝統の和生から洋菓子へ

II. 大正のお菓子

confectionery graffiti in Hokkaido

お菓子の世界にも
大正デモクラシーの波

ウロコダンゴ

大正2（1913）年●深川市

駅長命令で「椿」が「ウロコ」に

深川といえば、岩見沢と並ぶ「鉄道の町・駅の町」という印象が、筆者の頭にこびりついている。今でこそかなり寂れてしまったが、かつての深川駅前には典型的な駅前風景が展開されていたからだ。深川駅は明治31（1898）年、空知太と旭川を結ぶ北海道官設鉄道上川線の駅として開業した。深川駅が重要度を増す大きな契機となったのは、明治43年の留萌線の開通である。

それから3年後の大正2（1913）年、留萌線開通を記念して誕生したのが、「ウロコダンゴ」ならぬ「椿団子」だった。なぜ椿団子だったかというと、生みの親である高橋商事初代の出身地、新潟県北蒲原郡水原町（現阿賀野市）に、「椿餅」というお菓子があったからだ。出身母村のお菓子が、移住した先で再生され新たに独自の歴史を創り出していくというのは、札幌駅銘菓の「柳もち」（p42）の歩みとも重なりあう。

椿団子は発売後間もなく、予期せぬ問題に見舞われる。深川駅の駅長から、名前の変更を求められたのだ。駅長の名前は、椿修三といった。列車が到着するたびに、駅弁の売り子たちは「つばきだんご〜、つばきだんご〜」と声を張り上げて売

●製造　㈱高橋商事
●住所　深川市5-8-5
●電話　（0164）23-2660
★9個入り　565円
★真空パック10個入り　630円

大正2年に駅売の許可を受け、別名「椿餅」と呼ばれた時期もあったウロコダンゴ。店頭のカラフルな看板はもとより、箱、暖簾など、あらゆる場所にウロコダンゴの文字が躍る

り歩く。それを聞いた駅長は、自分の名を呼び捨てにされている気がしたのだろう。

当時、国鉄の駅長といえば地域の名士で、その意見を無視するわけにはゆかなかった。では、どんな名前にするか。留萌線では当時、季節になると日本海で揚がったニシンが運ばれ、そのウロコが貨車についてピカピカ光っていた。椿団子の形が三角でウロコに似ていることもあり、椿駅長の発案でウロコダンゴになったとされている。

原材料は米と小麦粉に砂糖だけ

90年以上もの長きにわたり、深川駅でウロコダンゴを販売する高橋商事。初代の高橋順治が、現在地で駄菓子や赤飯などを売りはじめたのは明治35年で、大正2年にはウロコダンゴを発売している。2代目の守夫を経て、現在は3代目の博樹さん（昭和28〈1953〉年生まれ）が代表を務め、今も製法は創業時とまったく変わっていない。原材料は、米と小麦粉と砂糖だけ。「いろんな米を試してみましたが、この菓子には、生食には質が悪いとされる米、具体的にはデンプン質のあまりない米の方が合うんです。小麦粉も、ハルユタカは合わないようですね」と博樹さん。

材料を練ったものを約40㎝四方の大きさにして蒸籠に入れ、蒸し台で蒸し上げる。この蒸し台は、大正2年の創業以来、1世紀近く使い続けているというとてつもない年代物。その蒸気の勢いたるや、もし誤って手でもかざそうものなら、たちまち溶けてしまうほどだという。80～90℃に温めたものを、今度は冷やし機で10分ほどかけて冷やす。この作業を以前は扇風機で行っていた。それを、刃が波形になった銅製の包丁を押すように当てて切れば、周りがギザギザになった例のウロコダンゴができあがるというわけだ。

食感や味わいは、外郎に似ている。この外郎も、かつては駅で立売されていた。名古屋市の青柳総本家が作る「ういろう」が有名で、ほかにも小田原や京都、伊勢、山口、徳島など全国各地で作られている。ちなみにウロコダンゴは、保存料などを使っていないので、賞味期限は製造日を入れて3日。真空パックでも10日くらいだ。最近は、何カ月たっても柔らかいパンが売られていたりする。どちらが食べ物として真っ当だろうか、なんて考えるまでもないことだろう。

以前、筆者が買いに立ち寄った時、店の人から「これ、切り出しなの。食べてみて」と、ウロコダンゴの切れ端をたっぷりもらったことがある。それを高橋さんに話すと、「運がいいですね。蒸かすと中の糖分が端の方に流れるから、切り出しのところが一番おいしいんですよ」。

ちなみに、ウロコダンゴのルーツである椿餅は、今も阿賀野市（旧水原町）の名物として健在だ。3代目である博樹さんは、先祖の出身地でもあるその土地にまだ行ったことがない。筆者が以前から水原の椿餅を食べてみたいと思っていると話すと、すかさず博樹さんが言った。

「私もぜひ、一度行ってみたいんです」

大正3(1914)年●登別市

湯の香ひょうたん飴《ゆのかひょうたんあめ》

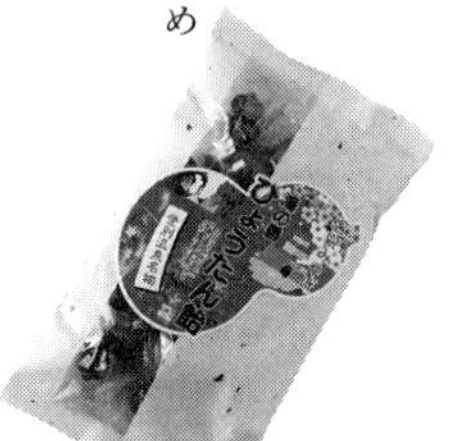

●製造　大黒屋民芸店
●住所　登別市登別温泉町60
●電話　(0143)80-3114
★1袋(150g入り)　367円

エネルギッシュな2代目との出会い

「ひょうたん飴」を知っているだろうか。名前通りひょうたん型をした飴で、かつては製造する店により、大ぶりのものと小ぶりのものに分かれた。登別温泉に泊まった朝、温泉街を散策していて偶然、大ぶりの方を作る工場を見つけた。人通りの少ない通りの奥まった建物の玄関に、「湯の香ひょうたん飴」と書かれた提灯を発見したのだ。思い切って中に入ってみると、奥から人影が現れた。その人物こそ、ひょうたん飴を製造する「湯の香ひょうたん飴本舗　大黒屋製菓」の坂井祥吾さんであった。平成11年3月のことである。

湯の香ひょうたん飴は大正3（1914）年、祥吾さんの父で初代の坂井清が、登別温泉の湯の滝のしずくがダルマの形に似ていることから着想を得たとされる（大湯沼の形にちなんで、との説もある）。確かに、ひょうたん飴のゴロリとした感じは、ダルマっぽくもある。

登別温泉はその当時から、お湯の薬効が全国に知られる温泉郷として人気を集めていた。にもかかわらず、これといった土産品が特になかった中で生まれたひょうたん飴は、登別温泉初の名物として売り出された歴史を持つ。

祥吾さんと出会って10年以上の歳月が流れたが、その時の印象は今も鮮やかに記憶に残っている。それは、彼の実に前向きな、エネルギッシュな姿勢である。「和菓子の技術があれば、大きくしたり小さくしたり、応用していろいろできるんです」と語る祥吾さんは、その時も新商品の開発に余念がなかった。

「ちょっと待ってください」と言って奥に引っ込むと、何かを手にして現れた。小学校の先生の協力を得て、石膏で型を作った羊羹で、「熊」「鬼と熊」「笹」などいくつものバージョンを試作していたのだ。箱ができたら発売するのだという。

それだけではない。話が進むにつれ、何度も何度も引っ込んでは現れ、そのたびに別の試作品を見せてくれるのだ。昭和10（1935）年生まれの祥吾さんが、ひょうたん飴をベースにしながら新商品を構想し、次々に試作品を作ってしまうそのエネルギッシュな行動力を前に、筆者はこれまで体験したことのない高揚感を味わっていた。

3代目が復活させた元祖温泉土産

その時は、すぐにまた話を聞きにくるつもりでいた。だが、次に訪れた時、祥吾さんはすでに亡くなられていた。お会いしてからほぼ10年の歳月が流れていたのだ。筆者が後悔したのは言うまでもない。話は、平成20年の真夏に飛ぶ。再び登別温泉を訪れた筆者は、温泉街に続く通りの入口付近にある大黒屋民芸店で、ひょうたん飴を見つけた。そこで話を聞かせてくれたのが、店主の坂井昭一さん（昭和31年生まれ）だった。ひょうたん飴の初代・坂井清の孫で、あの祥吾さんの甥にあたる人物である。

平成12年に祥吾さんが亡くなると、飴の製造は途絶えた。すると、馴染み客から何度も「本当にないの？」と声が寄せられたという。その熱い要望にあと押しされた昭一さんが、平成14年に自ら3代目となって復活させたのだ。その際、合成着色料を天然着色料に変更。白糖と水飴を直火で

かつてのひょうたん飴の提灯看板（左上）と平成11年にお会いした際の故坂井祥吾さん（右上）。その時に購入した箱入りの飴（中央、現在は袋に変更）と、ゴマが透けたひょうたん飴（右下）

じっくり煮詰め、懐かしい味そのままに、3種類（黒ごま、白ごま、青のり）の飴を作っている。

「昔の地図をみると、大黒屋の方が花月堂（小ぶりのひょうたん飴の製造元で、現在はない）より古くからあることがわかります」と昭一さん。登別温泉の土産品第1号である元祖・ひょうたん飴は、こうしてめでたく復活した。「大黒屋のひょうたん飴は、私のアイデンティティーなんです」と語る昭一さん。彼にとって、大黒屋民芸店とともにひょうたん飴の存在が、大きな心の拠り所になっているのだろう。

そこに、引き継ぎたくなるような財産があり、それを引き継ごうとする人たちがいる。いま地域には、そうした財産をきちんと見極める力が求められているのだと思う。そして、それこそが地域にとって、またそこで暮らす人々にとって、新たな何かを創造するための拠り所になり、同時に先に進むための大きな原動力にもなる、そう筆者は確信している。

大正4（1915）年●栗山町

大甞飴《たいしょうあめ》

●製造　谷田製菓㈱
●住所　栗山町錦3－134
●電話　（0123）72－1234
★110g入り　189円

包装紙の下から現れる「白の世界」

見かけると、ついつい買ってしまう「大甞飴」。裏を返せば、それだけ出合う機会が少なくなったということかもしれない。さりげなくも圧倒的な存在感を放つ包装紙のデザインは、はるか昔に印刷屋さんが考えたものだという。その美しさを損なわないよう、最新の注意を払いながら包装紙をそっと剥がしていくと、ほんの少しだけ飴色がかった白の世界が現れる。それを前にすると、筆者はいつも心がときめいてしまう。

製造するのは、「日本一きびだんご」（p72）で知られる谷田製菓。淡路島出身の初代・谷田可思三は、明治31（1898）年に栗山へ移住。味噌や醤油などを醸造していた伯父の下で働いたあと、自ら起業した可思三は、大正2（1913）年に会社を設立した。最初の社名は、水飴製造からスタートしたため「谷田製飴《せいあめ》場」だった。

しかし、大正12年に「きびだんご」を創製。飴以外の菓子を作るようになったため、間もなく社名を谷田製菓に変更している。社名の上につくマルSのシルシは、社屋の屋根にある鬼瓦にも見られ、おそらく可思三の父・斉七のイニシャルではないかと思われる。大甞飴は、創業から2年後の

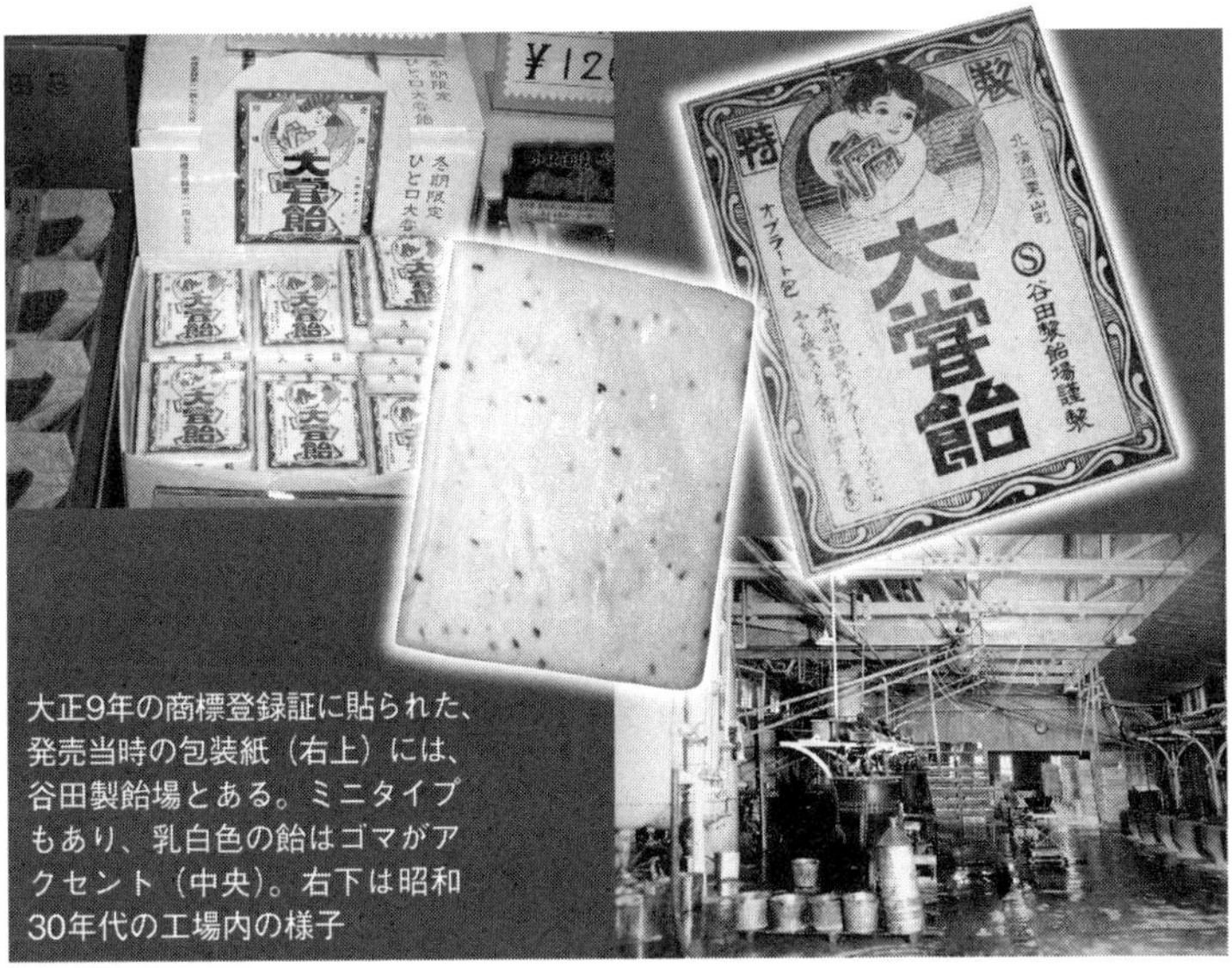

大正9年の商標登録証に貼られた、発売当時の包装紙（右上）には、谷田製飴場とある。ミニタイプもあり、乳白色の飴はゴマがアクセント（中央）。右下は昭和30年代の工場内の様子

大正4年に発売。商品名は、大正天皇の大嘗祭《おおにえのまつり》（収穫祭）がこの年に行われたことにちなんで命名された。きびだんごより8年も早く世に出ているわけで、そのヒットによって社の基盤を固めることができた記念碑的商品でもある。

大正9年4月19日付の商標登録証には、発売当初の包装紙がそのまま貼られている。それを見ると、全体のデザインは現在の図案とほぼ変わらないが、細部は微妙に異なっている。特に目立つのが、イラストで描かれた天使の顔。初期の天使が、ふっくらとした金太郎のような子ども顔なのに対して、現在のそれは線が細く、幾分大人びたものになっているのが興味深い。

偽物も数多く現れる人気商品に

ところで、季節限定商品の大嘗飴は、毎年10月半ばから翌年2月半ばまでの約4カ月間しか製造しない。気温が上がると溶けてしまうからだ。指でつまんで持ったら、そこを支点にゆっくりと曲

がりはじめて驚いたことがある。それほど温度にはデリケートで、15℃以下での保存が推奨されるが、最近はどこの店も暖房が効くようになり、売りづらくなってしまった。札幌のあるデパートでは、冷蔵庫に入れて販売するが、そこまでする店は少ない。そのせいか、大甞飴はほぼ１００％道内で販売され、道外から注文が入ると冷凍庫でカチンコチンに凍らせてから送るという。

大甞飴の白さは、水飴と砂糖を煮つめてから、釜から出して空気を練りこむことで生まれる。さらに風味を出すため、白い飴のなかにアクセントとして黒ゴマが散りばめられている。昔は練乳も入れていたが、かつて7年ほど製造休止してから再開した際、コストの関係で使わなくなった。しかし、味の方はほとんど変わっていないという。

現在は1シーズンで12～13万枚を製造する。

会社の基盤を固めるほど売れた人気商品だから、類似品も数多く登場した。「○○の大甞飴」というように、大甞飴の名をそのまま使いつつ、一応は別物であることを示しているものもあれば、非常にきわどいものもある。中でも「天甞飴」という商品には驚かされた。谷田製菓に残されていた包装紙の実物を見ると、偶然かもしれないが天甞飴の天の文字の上の線にかぶせるように、価格シールが貼られている。注意しなければ、大甞飴と間違えてしまいそうだ。その大胆さには、驚きを超えて感心させられてしまった。

ちなみに大甞飴も、きびだんごと同じ製造ラインで作られている。筆者が工場を見学した際は、大甞飴の製造期間は終わっていたが、きびだんごをカットした時に出る切れ端の山があった。聞くと、当然のことながら製品としてすぐに再生されるのだという。大甞飴も基本的には同じ工程なので、切れ端が出る。ただし、こちらは期間限定の製造だから、シーズン最後の日に出た切れ端だけは、従業員に分けられるそうだ。ウロコダンゴもそうだったけれど、この端っこがいろんな意味でおいしいんだろうなあ、きっと。

大正8（1919）年●札幌市

バターせんべい

●製造　㈱三八
●住所　札幌市中央区南1西12－322
●電話　（011）271－1138
★箱入り（24枚入り）630円

バター飴と並ぶバター菓子の横綱

明治38（1905）年の創業と聞けば、「だから三八なのか」と納得する人も少なくないだろう。でも、そうではない。この屋号は、創業者の名前に由来する。福井の庄屋の家に生まれた初代の小林弥三八《やさんぱち》は、はたちの頃、姉のいる北海道に渡り、小樽の入船にあった明治27年創業の花月堂で修業。同38年に独立し、札幌の南2条東3丁目で「日の出屋」という菓子屋を開いた。

その後、弥三八は思うところあって、大正2（1913）年に店を甥に譲り、新十津川に移り住んで農業を始める。しかし、新天地の開墾は想像以上に厳しく挫折。同3年9月、南2西3で菓子屋として再出発したのである。新しい店の名は、名前にちなんで「三八」とした。

昭和3（1928）年には、市電通りに面した南1西12に三八分店を開店。同7年に本店を南4西3のススキノ交差点角に移し、工場の方は分店の場所に移して現在に至る。同11年、三八を代表する銘菓の一つで、道産小麦粉を使った落雁「時計台」を発売。続いて翌年には、日高昆布を使った求肥餅「蝦夷餅」を世に送り出す。この2つのお菓子は、すでに製造されていない。だが、三八にはもう一つ、もっと古くから作られてきた、しかも現役の商品がある。筆者も子どもの頃からよく食べた、「バターせんべい」がそれである。

開拓期から酪農が推奨された北海道では、材料にバターを使うお菓子が古くから作られてきた。同時に、名前にバターを入れた商品も数多くあるが、その代表格ともいえるのがバター飴とバター煎餅だろう。この2つのバター菓子は、かつて北海道の土産菓子における両横綱といってもよい存在だった。それだけに、どちらも多くの菓子屋が競って参入し、その結果どこが元祖かわかりにくくなってしまった。

バター煎餅の元祖は「三八」

三八のバターせんべいは、大正8年に創製。「滋養煎餅」の名で売り出したのが始まりで、戦後に名前を「バター煎餅」に変えている。バター飴もそうだが、原材料名を並べただけの商品名では商標登録ができない。そのため、あっという間に類似品が増えていったようだ。

「三八が元祖と考えて間違いないでしょう」

そう語るのは、6代目で会長の小林孝三さん（昭和13年生まれ）。平成21年の取材時には、「現在のバター煎餅は、最初の頃と形はほぼ同じですし、味も配合もほとんど変えていません。変わったのは、表面に捺していた焼き印をやめたことぐらいでしょうか」と語ってくれた。そういえば、かつては煎餅の表面に、北海道の輪郭が焼き印でくっきり捺されていたことを思い出した。

パッケージも変わっている。取材時には、缶の表面におおば比呂司による熊の絵がプリントされたものだった。これとて、すでに数十年間使われていたが、30～40年前までは北海道地図と牛をあしらった素朴なデザインだった。「おおば先生の絵もいいんですが、変えたことによって歴史を失ったかな、という気もします。その時はよくやったと思うわけですが、変えちゃいけないものもあると思うようになりました」と小林さん。

以前使われた、おおば比呂司のイラストが懐かしい缶（左上）と、その当時に作られた長円形のバター煎餅と包装（右下）。中央はリニューアル後の丸くなった煎餅。右上が一新されたパッケージ

筆者も長年、包装紙やパッケージなどの商業デザインが、図柄を変えるごとに魅力を失っていくと感じていた。背景にいろいろな要素はあるが、最大の理由は、かつてそのお菓子を生んだエネルギーが、デザインと表裏一体の関係にあったからではないだろうか。その原点を踏まえず形だけ変えるから、菓子とデザインのバランスが崩れ、魅力が薄れてしまうのでは、と考えている。

「その意味では、五勝手屋さんが羊羹の包装デザインを変えずにやってきたのは、一つの勇気ですよね。この判断は、すごいことだと思います」。そう語る小林さんの言葉に、そうした評価をできる視点自体、すごいことだと舌を巻いた。

その後、平成23年に商品名を「しろくまバターせんべい」に変更。パッケージも、札幌市円山動物園のシロクマをデザインした紙箱に変わった。煎餅も形が円くなり、シロクマのかわいい顔が焼き印で捺されている。このリニューアルで、歴史ある煎餅がまた新たな歩みを始めた。

三時のおやつ

お菓子の歌が聞こえてくるよ

記憶に残る「お菓子 CM ソング」

お菓子にまつわるCMソングといえば、お菓子自体の歌と、店名のフレーズソングがある。前者の代表格が「カステラ一番　電話は二番　三時のおやつは文明堂」。明治33（1900）年に長崎で創業した文明堂の関東各社が制作し、昭和32（1957）年から放送を始めた。商品名などを軽快なテンポで盛り込み、5匹のクマの人形が踊る映像とともに人気を博した。

一方、北海道のお菓子ソングといえば、やっぱり札幌千秋庵の「山親爺」。水木ひろし作詞、桜井順作曲で、昭和30年代半ばにスタート。テレビCMの影響もさることながら、歩いているだけで耳になじむ街頭放送の力も大きい。歌はボニージャックスや伴久美子などが担当した。

テレビCMのバリエーションの多さなら「白い恋人」だ。印象的なのは、2001年から放送されたコンサドーレバージョン。「青春にオーレ　がんばってオーレ　あしたの君はどこだ」のサビで盛り上がり、おなじみの「白い恋人～」のエンディングが甘酸っぱい余韻を残した。

新しいものでは、小樽あまとうの「マロンコロン」がある。「あまとう　ルル　マロンコロン」の繰り返しがポイント。曲名は「ほんと罪だわマロンコロン」で、平成19年に小樽のシンガーソングライター柿本七恵が自作自演した。翌年CDが出て、その後はテレビCMにもなっている。また、「大沼だんご」（写真）のように、ご当地でだけ流されたローカル版も各地にある。

そして、お菓子屋ソングといえば、札幌の「三八」と小樽の「花月堂」が双璧。「サーンパチ　サンパチ　お菓子のサンパチ　サーンパチ　サンパチ　おいしいサーンパチ」と店名が果てしなく連呼される。一方の花月堂は、「カーゲーツードー　カーーゲーーツーードーーー」と数は少ないが、店名を伸びやかに引っ張って印象的。どちらも、フレーズがずっと耳に残る。

大正10（1921）年●旭川市

ビタミンカステーラ

●製造　高橋製菓㈱
●住所　旭川市4条通13－左1
●電話　（0166）23－4950
★1本　84円

長崎・文明堂がルーツの本格派

取材に向かったのは、冬のど真ん中。場所は、北海道有数の冷え込みで知られる旭川。にもかかわらず、ドアを開けてひと声交わした途端、言いようのない温かさが筆者を包み込んだ。

応対してくれた女性に来意を伝えると、「あ、それなら社長がいいわ」。まもなく、昭和47（1972）年に2代目となった高橋治夫さん（昭和3年生まれ）が姿を現した。事務所に流れるやわらかな空気そのままに、治夫さんの口からは高橋製菓の歩んできた時が紡ぎ出されていった。

治夫さんの父で初代の高橋樫夫は愛媛県出身。カステラで知られる長崎の文明堂に12歳で奉公し、修業を積んだ。その後、腕前を生かして全国各地の菓子屋を渡り歩き、指導にあたりながら技術を吸収して廻る。そして大正6（1917）年、ついに旭川で独立。3条通6丁目で創業したのち、現在の4条通13丁目に移転している。

古い写真を見ると、店の看板には「長崎カステーラ」や「クラッカー」などの文字が書かれている。その後世界恐慌に見舞われ、不況風が吹く時代になっても農家に変わらず支持され、お菓子は飛ぶように売れたという。「父の手はすごく大きくて、本当に腕がよかったんです。炭をおこした鉄板の上で、道具なんか満足になくても、きちんとカステラを焼き上げていましたから」と、治夫さんは往時の父親の姿を振り返る。

のちに主力商品となる「ビタミンカステーラ」が誕生したのは、大正10年頃のこと。縦15㎝×横6㎝×高さ約3㎝の長方体で、一般的には棹カステラとかランチカステラと呼ばれる形だ。でも、高橋製菓のそれは普通のカステラではない。「ビタミン」が入っていたのである。大正の頃というと、まだ普段の食事だけでは栄養分が充分に取れない時代だった。そんな時、武田薬品がカステラに使えるビタミンの販売を始めた。そこで早速、ビタミンB1・B2を入れて売り出したのが、その名もずばりビタミンカステーラだった。

大衆的な価格と味わいにビタミンが加わったこのカステラは、やがて広く道民に浸透してゆく。筆者がよく食べたのは、家族と連れ立って行く映画館の中だった。また、印象的なパッケージには、「第十五回全国菓子大博覧会　総裁賞受賞」の文字が入り、目を引く。博覧会ではさまざまな菓子が品評されるが、カステラ部門は競争が熾烈だったそうで、その中での受賞は快挙だった。

農繁期のおやつに引っ張りだこ

もっとも売れたのは昭和30年代。農繁期に人手の足りない農家が、テマガエ（手間替え、複数の家が互いに同じ人数の労働力を同じ日数提供しあうこと）を頼む際、おやつとして大量に購入したのだ。農家1軒で30本入りを10箱、20箱という買い方をしたことから、ピーク時は1日でなんと5万本も売れたというから驚く。

ということは、その時期に作りはじめたのでは到底間に合わない。そこで当時は、高橋製菓の隣にある西倉倉庫で3カ月前から預かってもらい、月に70～80万本の製品を出荷できるようにしたという。その後、農機具が普及するにつれて人手が不要となり、結果として農家で購入する数は減っ

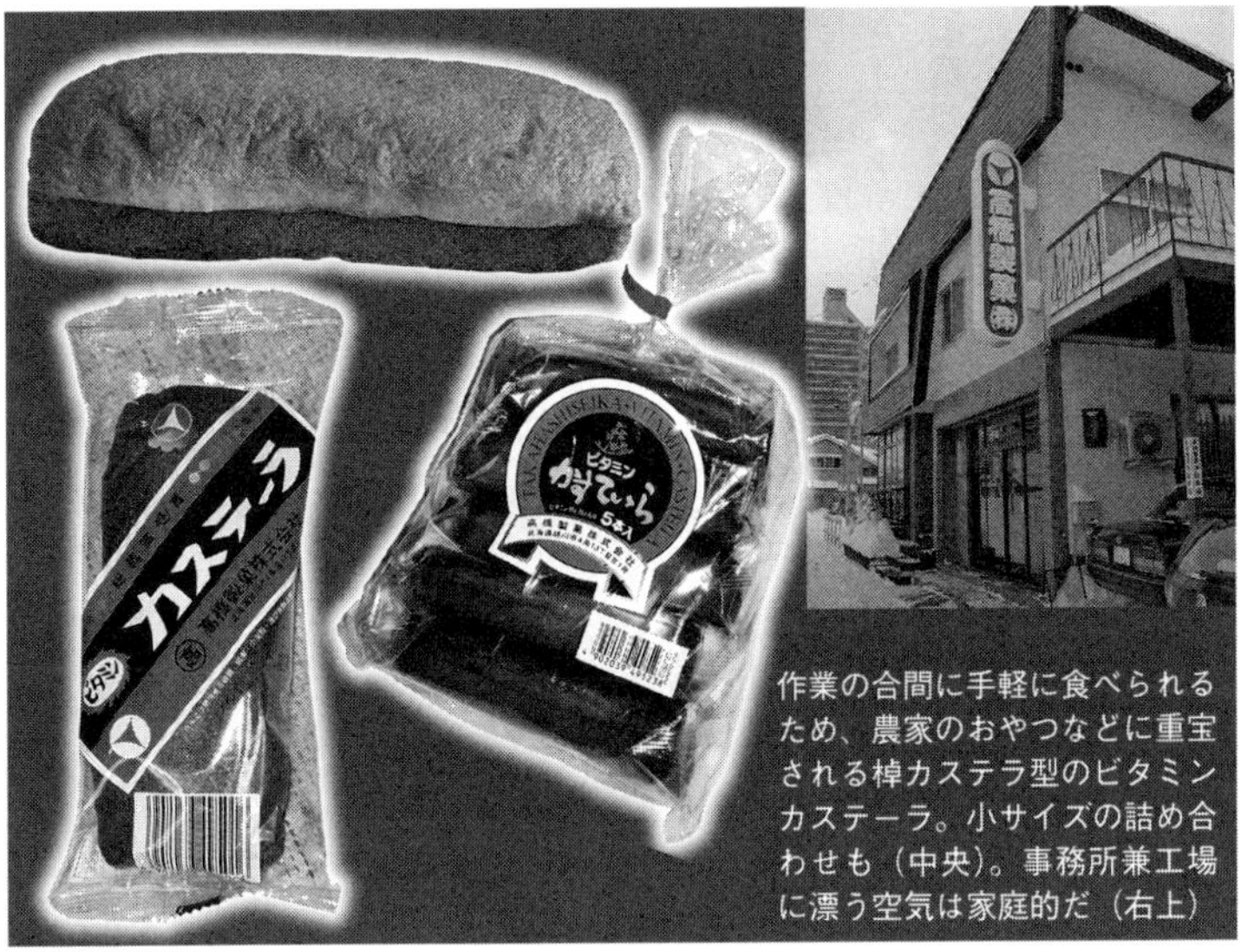

作業の合間に手軽に食べられるため、農家のおやつなどに重宝される棹カステラ型のビタミンカステーラ。小サイズの詰め合わせも（中央）。事務所兼工場に漂う空気は家庭的だ（右上）

てゆく。ただし、今も農家の需要は残っていて、一番忙しいのはやはり春と秋だ。

ビタミンカステーラは、東京でも若干販売されるが、ほとんどは北海道で売れる。「道内で食べたことのない人はいない」と語る治夫さんの言葉には、強い自負がのぞく。これだけ長く支持されてきたのは、甘さを抑えた飽きない味だからと語り、「大衆的なものはロングセラーになる」。数多くのお菓子に接してきた筆者の経験からも、その言葉には頷けるものがある。

帰りがけ、事務所に来ていた白い作業着姿の従業員から、明るく声をかけてもらった。事務所に入った瞬間から感じ続けていた言いようのない温かさの、源泉にふれたような気がした。そこに流れる家庭的な空気は、ビタミンカステーラの庶民的な味わいと、自然に重なり合った。

なお、治夫さんは平成23年6月に会長に退き、同年12月に逝去された。現在は3代目の秋元忠雄さんが経営のかじ取りを行っている。

大正12（1923）年●栗山町

日本一きびだんご

●製造　谷田製菓㈱
●住所　栗山町錦3－134
●電話　（0123）72－1234
★一本もの（70g）126円
★ひと口サイズ袋入り（230g）441円

道産子きびだんごのこれぞ元祖

北海道で「きびだんご」といえば、オブラートに包まれた、長方形の茶色い餅飴のことを指す。きびだんご＝その形態というイメージが、道産子のアタマにはしっかり刷り込まれている。そうしたイメージを作り上げたのが、栗山町にある谷田製菓の「日本一きびだんご」である。

谷田製菓の歴史は、「大甞飴」の項（p62）でも紹介した。大正4（1915）年に創製した大甞飴の成功に始まり、同8年には第一次世界大戦後の平和を記念して「平和糖」を発売。「日本一きびだんご」を創り出して販売を始めたのは、同12年9月のことだ。この商品には、同年9月1日に発生した関東大震災の被災地復興の願いと、北海道開拓の精神がこめられており、「吉備団合」の名称は早い時期に平仮名に変えられている。

このようにお菓子の新商品は、国家的規模の節目にそれを記念（祈念）して創案、発売されることが少なくなかった。お菓子が社会事象に対応して作られるケースは、なにも戦前に限ったことではない。現代でも、オリンピックやサミットの開催に合わせて記念菓子が登場するし、新首相誕生という小粒の話題にあやかるケースも含めると枚

生餡色の棹状きびだんごと、今はこちらの方が売れ筋というひと口サイズの詰め合わせ（左）。中央は栗山町の老舗祭りで販売された湯呑み。事務所の窓は商品のショーケースに（右下）

挙に暇がない。違いは、それが後世に残る銘菓としての力を持つかどうかである。

　ＪＲ栗山駅近くにある谷田製菓の工場は、昭和20年代に建てられた煉瓦の外壁が目を引く。誰でも見学可能で、工場内の作業風景をすべて見ることができる。その見学用通路を3代目の谷田進太郎さん（昭和28〈１９５３〉年生まれ）と歩いて、きびだんごの作り方を教えてもらった。

　まず、もち米に水を加えてすり潰したものを、蒸気で炊きあげて餅状にする。現在は名寄産のもち米「はくちょう米」を中心にブレンドして使い、工場内には一斗缶に入った餅がいくつも置かれていた。生餡を作る原材料の豆は、北見産のとら豆。これを絞ったものに、水飴を入れてゆっくり加熱すると、少し焦げてあのきびだんご色になる。

　さらに十数時間かけて撹拌し、蒸気で温めながら餅と砂糖を混ぜると、きびだんごの生地ができあがる。最も気を遣うのがこの時の練り具合だそうで、塩梅を見ながら4時間ほど練り合わせていく。最後はタイミングに注意して火から釜をおろせば、きびだんごの元の完成となる。

製造工程を眺めていると、キャラメルを作る過程とよく似ている。そう口にすると、「メーカーの人が作業場を見て、『これならすぐ生キャラメルが作れるよ』と言っていました」と進太郎さんは笑う。だがブームには追随せず、むしろ谷田製菓の看板であるきびだんごで「味のバリエーションを出してみたい」という。

すでに、メロン味とミルク味を創案したほか、ご近所にある明治11（1878）年創業の老舗酒蔵「小林酒造」と提携。小林酒造の代表的な銘柄「北の錦まる田」の酒粕を、きびだんごに練り込んだ「甘酒餅」など、新顔も登場している。

腹持ちのよさで旧陸海軍にも納入

その腹持ちと日持ちのよさを武器に、昭和6年の満州事変では、軍需品の携行食としてきびだんごを納入。同15年には、海軍の軍需部に納めるため、兵庫県の大山村に工場を設け、その2年後には大陸に展開する陸軍へ納入するため、中国の天津に工場を建設したこともあった。

戦後は、北海道の産業とも密接にかかわりあってきた。昭和22年には農林省（当時）の指定で、全国の炭坑労働従事者と繊維産業の従事者に向けてきびだんごを配給。また、農家では繁忙期に農作業を手伝う出面さんのおやつとして重宝された。そのため農協の指定商品となり、原材料を優先的に仕入れられるようになったという。最近では、中高年が山登りに携行したり、ゴルフバッグにしのばせたりと、新しい用途も生まれている。

ところで、筆者は以前に谷田製菓の工場で、パッケージを飾る桃太郎などをデザインした特製の湯呑み茶碗を見つけ、嬉々として買い求めたことがある。一時期、製造を止めていたが、平成10年頃に再登場し、デザインを変えながら何種類も作られてきた。この日もまた、筆者のお菓子資料に最新バージョンが加わった。

大正14（1925）年●札幌市

フルヤミルクキャラメル

●製造　古谷製菓㈱
●住所　札幌市中央区南11西18－1－30
●電話　（011）552－9988
★1箱　160円

手袋のまま食べられる工夫で人気に

森永、明治、グリコなど全国区の大手メーカーに伍して、広く愛されるキャラメルを生んだ会社が北海道にもあった。その代表格が、「フルヤミルクキャラメル」や「フルヤウインターキャラメル」を世に送り出した「古谷製菓」である。

創業者の古谷辰四郎は明治元（1868）年、近江（現在の滋賀県）野洲行合村の庄屋に生まれた。辰年生まれの4男坊だから、辰四郎と命名される。酢の醸造を手がけるが、庄屋だけに商いが得手ではなかったせいか家業は振るわず、13歳で酒屋の丁稚奉公となった。以後、醤油屋や京都・太田醸造の手代を務め、大阪に移って乾物卸の永井商店に入り、番頭まで上りつめる。

日清戦争時の明治28年には、戦地への軍需品の売り込みを狙って大陸に向かうも、上陸とほぼ時を同じくして講和が成立。そのため、店に大きな損害を与えたことの責任をとって辞め、景気がいいと噂に聞いていた北海道へ単身向かった。

江別で人夫をしたあと、同郷人の紹介で北村商店に入り、長女みつ子と結婚。明治32年2月5日に暖簾分けで、小売屋に干し海苔を行商する業を南3条西5丁目で始める。翌年には南3西4の狸小路に移転。同37年に南1西1で落ち着き、米穀、荒物、乾物、雑貨類の卸商となった。その後、白玉の製造を手がけ、大正元（1912）年には黒砂糖の精製加工に鞍替えしている。

そして大正6年、水飴の製飴工場を苗穂に建て、翌年にはオブラートに包んだ「〇《カネマル》キャンデー」を販売。それを足がかりに売り出したのが、同14年発売のフルヤミルクキャラメルである。当時すでに、森永など大手メーカーのキャラメルが北海道にも入ってきていた。にもかかわらず、古谷製菓のミルクキャラメルは「栄養価の高い道産ミルク使用」をキャッチフレーズに、道内はもちろん東北や関東を中心に、全国へと販売網を広げていく。

辰四郎は製菓だけでなく、道内でさまざまな要職について活躍するが、昭和5（1930）年に病死。その翌年に跡を継いだ長男の英一郎は、2代目・古谷辰四郎を襲名すると同時に、ウインターキャラメルを発売している。このウインターキャラメルは、ネーミングやパッケージだけでなく、冬の寒さが厳しい北海道で暮らす人のことを考えた工夫が凝らされ、道民に広く愛された。

例えば、キャラメルといえばロウ紙包装が定番だった時代に、ウインターキャラメルはオブラートだけの包装になっていた。こうすることで紙を剥く手間がはぶけ、冬でも手袋を脱がずに箱から取り出せたのだ（現在はロウ紙）。また、筆者の口中に今も甦るのは、ほかのキャラメルとは明らかに違う独特の食感で、表面につるりとした舌触りがあった。冬期に屋外で食べることが多かったことも、味わいに関係しているのだろうか。

キャラメルの遺伝子はスイーツへ

ウインターキャラメルの誕生から半世紀余りを経た昭和59年、古谷製菓はその長い歴史に幕を下ろす。商標権を譲り受けた明治製菓は、札幌ウインターを設立して「ウインターキャラメル」と「ウインターミルクキャラメル」を発売。その後、明治製菓から「サッポロウインターキャラメル」と

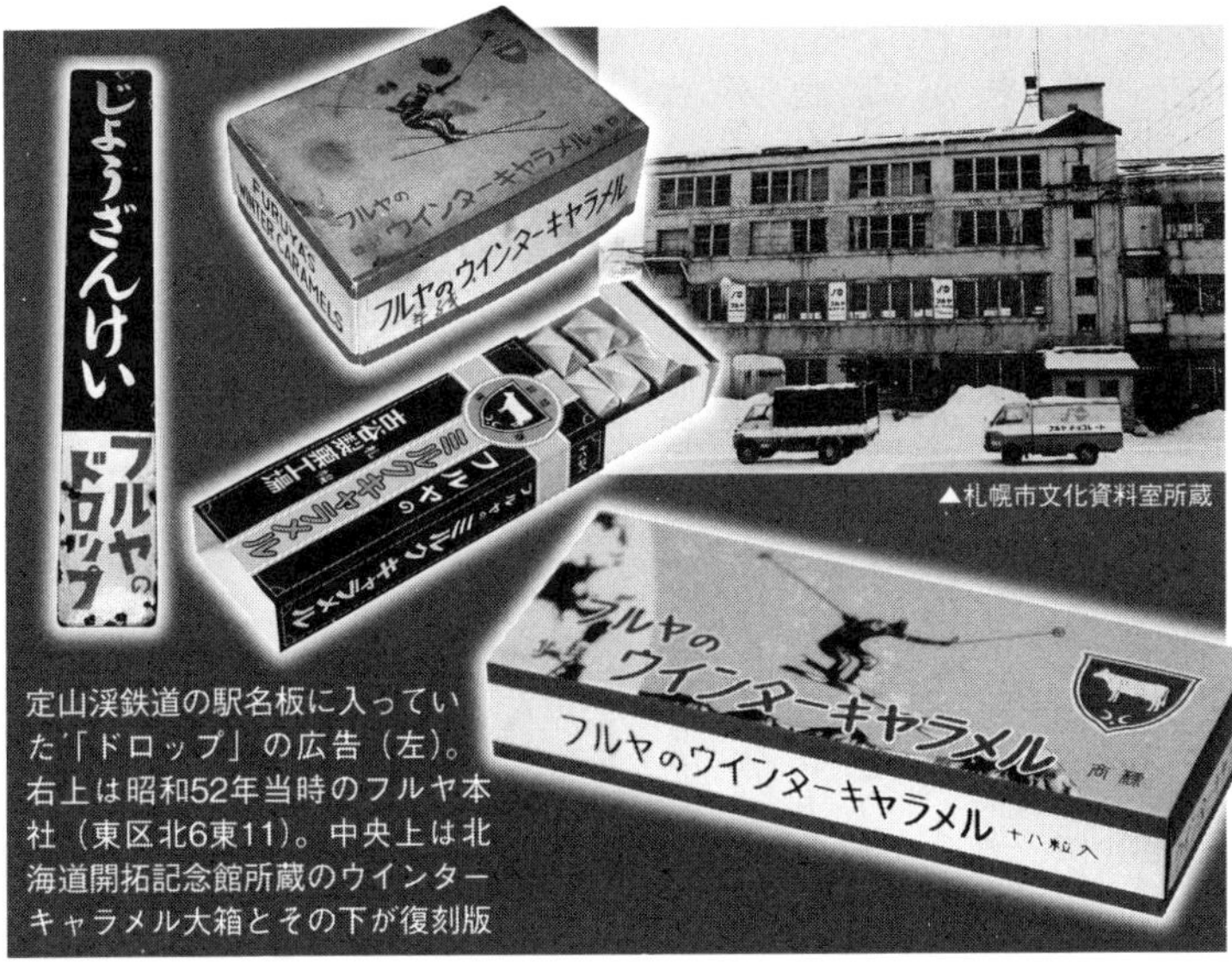

▲札幌市文化資料室所蔵

定山渓鉄道の駅名板に入っていた「ドロップ」の広告（左）。右上は昭和52年当時のフルヤ本社（東区北6東11）。中央上は北海道開拓記念館所蔵のウインターキャラメル大箱とその下が復刻版

して発売するが、いずれも消え去った。

そして話は、昭和63年に札幌市中央区でオープンした、札幌におけるチョコレート専門店の草分け「ショコラティエマサール」に移る。この店のオーナー古谷勝さんは、古谷製菓の3代目・古谷辰四郎の弟にあたる。アメリカから戻り、古谷製菓の東京工場で企画や研究にたずさわっていた頃、チョコレートを作りはじめたという。北海道生まれの傑出したキャラメルの遺伝子は、札幌のお菓子に新たな顔を加えたのである。

その古谷さん、商標権などの問題をクリアして、平成22年にウインターキャラメルを復刻。冬季限定で販売中というから、うれしい限りだ。

一方、フルヤと並ぶ人気を誇った「バンビミルクキャラメル」（p135）も一時姿を消したが、池田製菓が復刻。平成18年に池田製菓が倒産すると再び姿を消したが、現在は北海道村が引き継いで復活させ、フルヤミルクキャラメルとともに店頭を賑わせている。

大正後期●函館市

どらやき

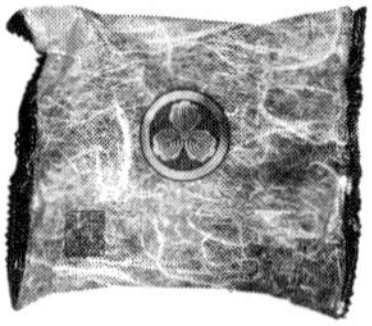

●製造　㈱千秋庵総本家
●住所　函館市宝来町9－9
●電話　（0138）23－5131
★1個　189円
★5個箱入り　1095円
★10個箱入り　2090円

再建を託されたお菓子の名人

どらやきは〝皮〟が命だ、という事実を知ったのは、函館・千秋庵総本家のどらやきを食べたことがきっかけだった。しっとりと柔らかく、きつね色の皮の絶妙の色あい。そこから立ち上るほのかな甘い香り。どらやきは皮を見ればその良し悪しがわかる――そんな確信を抱いたのは、このどらやきとの出合いがきっかけだった。

北海道における商業菓子の歩みは、道南に始まる。城下町の松前では早くから菓子作りの動きがみられたが、のちに函館の勢いが上回ってゆく。安政6（1859）年には天然の良港・函館が、国際貿易港として開港。それに伴い流入した欧米文化の中に、もちろんお菓子があった。

函館には江戸末期からいくつもの菓子屋があり、精香庵（生菓子）、蛇足園（干菓子）、山米印（饅頭）、千秋庵（こんぶ菓子）、三久などの名が伝えられている。この中の千秋庵が、現在の千秋庵総本家だ。その屋号は、道内で創業した現役菓子屋の中で最も長い歴史を持つ。北海道の菓子業界において、大きな役割をはたしてきた千秋庵の出発点が、函館の千秋庵総本家なのである。

江戸末期の万延元（1860）年、秋田藩の下

6代目店主の松田俊司さんが守り続ける、昭和9年に建てられた千秋庵総本家の店舗（右上）。その代表的銘菓「どらやき」の洗練された味わいは、創業150年を超える老舗にふさわしい

級武士だった佐々木吉兵衛は函館に渡り、当初、海産物の仲買や刀剣を商った。やがて、港で働く沖仲士を相手に末広町で菓子を売りはじめ、「こんぶ菓子」の創案でその名が知られるようになる。これが千秋庵の始まりで、その屋号は故郷・秋田の「千秋園（現千秋公園）」にちなむ。

その後、初代の養子が2代目を継ぐが、3代目で経営が悪化。そこで3代目は、かつて東京で教えを受けたことのある松田咲太郎に再建を依頼する。日本における饅頭の始祖・林浄因の流れを汲む老舗「塩瀬」の工場長も務めた咲太郎は、日本菓子技術奨励会の技術責任者を務め、『和洋菓子製法講習録』などの著書を持つ、菓子業界では名人と謳われた人物である。

咲太郎が3代目の要請で函館を訪れた直後の大正12（1923）年9月1日、関東大震災が発生。東京は壊滅状態となった。そのため、彼はそのまま函館に留まり、千秋庵の4代目として再建にとりかかったのである。これは、千秋庵と北海道の菓子業界にとって、エポックメーキングな出来事となった。もし、震災が起こらなかったら、北海道のお菓子はどうなっていたことだろう。

美しいどらやきの皮は芸術品の域

函館の千秋庵総本家が、北海道の菓子界に残した足跡は大きい。明治27（1894）年に小樽千秋庵（平成7年に廃業）が暖簾分けで独立し、大正8年には旭川千秋庵（平成20年秋に事業停止）が開業。大正10年には、東京の「壺屋」で咲太郎から教えを受けた経験を持つ岡部式二（当時は小樽千秋庵の職長）が、独立して札幌千秋庵を開業する。

咲太郎が再建してからも、昭和8（1933）年に札幌千秋庵から帯広千秋庵（同52年、「六花亭」に社名変更）が生まれ、翌年には函館の総本家から独立して釧路千秋庵（同62年に廃業）が誕生。咲太郎が遺した菓子作りの技術と情熱は、北海道菓子界のDNAとなり全道に広まっていく。

明和3（1766）年創業の道内最古の老舗だった松前「三浦屋菓子舗」が、平成14年に廃業。現在、道内で創業した最古参の菓子屋として、函館の千秋庵総本家は重厚な風格を漂わせる。季節を彩る和菓子の魅力もさることながら、名物「どらやき」のふくよかな味わいは、歴史ある建物の味わいとも重なり合う。

大正時代の末から受け継がれるどらやきは、すでに伝統の味となっている。そのうまみの秘密は、やはり皮にあった。前の晩と翌朝、二段階で仕込む手間をかけた「宵ごね」仕込みで、1枚1枚手作業によって蒸し焼きにされるのだ。また、しっとりとした皮に包まれた餡は、道南産のアカネ大納言を3日かけて粒餡にしたもの。くどさのない甘みが、上品なあと味を残してくれる。

その美しい皮を見ているだけで、豊かな気持ちになれる千秋庵総本家のどらやき。それは、平成22年に創業150年を迎えた老舗にふさわしい、まさに食の北海道遺産でもある。

きびだんご三国志

岡山に始まり北海道、名古屋と三国を股にかけるきびだんごワールド

桃太郎のきびだんごと岡山銘菓の吉備団子

きびだんごといえば、桃太郎。桃太郎といえば、吉備の国（岡山）。というわけで、きびだんご（吉備団子）の話は、まず岡山県へと繋がる。実際、岡山には「きびだんご」という名のお菓子があるのだ。

　岡山のきびだんごは、黍《きび》の粉ともち米の粉を混ぜて作った求肥をまるめたもの。黍とはイネ科の穀物で、このキビと吉備の語呂合わせから命名されたらしい。意外なことに、室町時代に広まったと伝えられる岡山発祥の桃太郎の話に出てくるきびだんごと餅菓子の吉備団子に、食べ物としての直接の関係性はないという。

元祖きびだんご（岡山市・廣榮堂本店）

　では、どうして桃太郎のイメージが定着したのだろうか。実はお菓子の吉備団子は、明治24（1891）年に開業した岡山駅でも販売されるようになった。つまり、駅生である。その際、地元発である桃太郎の話を、お菓子に重ね合わせて売り出したことで、全国的に知られるよ

うになったのである。

岡山市内できびだんごを手がける店は数多いが、その中でも、「廣榮堂本店」と「広栄堂武田」は、安政3（1856）年創業という老舗。それまでの質素なきびだんごを、和菓子の技法で「吉備団子」として創製したのが、武田半蔵だった。備前池田藩の筆頭家老・伊木三猿斎の指導を得て、茶席向きに改良したことで現在の上品な姿になったという。

岡山のきびだんごと北海道のきびだんごを比較

可愛い絵柄の紙箱に入った廣榮堂の「元祖きびだんご」は、札幌のデパ地下にある諸国銘菓コーナーでも買える。筆者も何度か食べたが、餅飴の一種という点を除けば、形、大きさ、色合い、歯ごたえ、感触、どれをとっても、北海道のきびだんごとはまるで別物だ。

栗山にある谷田製菓の「日本一きびだんご」（p72）は、120㎜×42㎜の長方形で、厚さも10㎜とかなりのボリューム。道内製品の中では最大である。餡色で歯ごたえがあり、弾力性に富んでいる。道内他社も、サイズこそ小さめだが、基本的な味や形は変わらない。

一方、廣榮堂に限らず岡山の吉備団子は、丸く可愛らしい小粒タイプ。色は透明感のある黍色（黄色）で、もちもちというよりぷにゅぷにゅと柔らかい。ぽんぽん口に放り込めるひと口サイズなので、桃太郎が腰につけた袋から取り出して、犬や猿にあげるには丁度いい大きさかもしれない。

また、原材料を較べてみると、廣榮堂では、砂糖、還元水飴、もち粉、麦芽糖、トレハロース、黍粉、水飴、小麦粉、上用粉を使う。これに対し、例えば谷田製菓では、麦芽水飴、砂糖、生餡、もち米を使用。前者に黍は入るが、後者には入らない。こ

ＪＲ栗山駅に近い谷田製菓の工場は、作業の様子を見学できる

れは道内の他社製品も同じで、北海道のきびだんごの特徴は、黍の代わりに生餡を入れる点にあるといえる。

名古屋にもあるきびだんごは

北海道とよく似た駄菓子風パッケージ入りのきびだんごは、岡山と北海道だけでなく、名古屋にもある。見た目は北海道タイプと同じで、道内でも駄菓子屋やスーパーの駄菓子コーナーで見かけることがある。

製造メーカーは、名古屋市内に2カ所ある。中村区「見田製菓」の社長は、今はなき「佐藤製菓」で「佐藤のきびだんご」の製造に携わり、昭和37（1962）年にそこを引き継ぐ形で見田製菓を設立した。佐藤製菓は戦前から餅飴を手掛けていて、きびだんごを作りはじめたのは同25年のことだという。

一方、西区の「共親製菓」は昭和22年に創業。販路は関西や中国、四国地方など名古屋以西に集中するが、北海道でも両社

大がかりな機械が並ぶ、谷田製菓の昔の工場（撮影時期不詳）

のきびだんごは、駄菓子屋を中心によく見かけたものだ。パッケージには、桃太郎や犬・猿・雉が描かれ、薄型で長方形の外形をふくめ、印象は北海道タイ

プとほとんど変わらない。

ただし、サイズがコンパクトなこともあり、値段は駄菓子価格。こちらも黍は使わず、中には生餡が練り込まれている。

先陣を切った岡山に対し
北海道は独自性で対抗

次に、岡山と北海道、名古屋それぞれのパッケージにプリントされた絵柄を見てみよう。北海道と名古屋は、桃太郎と犬・猿・雉の集合図で、名古屋の方がより子どもっぽい絵柄になっている。これは、駄菓子屋で売ることを前提にして作っているからだろう。大阪と並ぶ駄菓子メーカー王国・名古屋ならではの事情といえる。

ちなみに、岡山の廣榮堂の小箱には、昔話に登場する顔がずらりと並ぶ。桃太郎、犬、猿、雉、鬼はもちろん、ほかに豚や熊、男の子、女の子におばあさんが描かれている。どこかで見た絵柄だなあ、と思いながら説明書きを読んで驚いた。なんと作者は、絵本作家で知られるあの五味太郎なのである。

名古屋市で製造されるきびだんご。北海道に較べて小ぶりだ

それにしても、北海道や名古屋で作られる長方形のきびだんごは、本来の「だんご」のイメージとかけ離れている。だから、初めて串に刺さったきびだんごを見た時は、うれしかった。場所は、札幌市中央区東屯田通の一角にある「百代亭」（☎011・563・9511）。車で移動中、店頭に「きびだんご」の文字を見つけ、Uターンして店に入ると、店頭には串に刺さったきびだんごが並んでいた。

百代亭は、店主の平井隆さんが昭和40年頃に始めた菓子屋。きびだんごは直径3㎝ほどの大きなもので、串1本に団子が3個刺さる。表面にきな粉がまぶされ、柔らかい求肥の団子の中にこし餡が入ったもので、残念ながら黍は使っていない。あくまでもきびだんご風、ということのようだ。

平成5年頃から出しているが、客の評判は上々という。こんな身近な場所に、探し求めていた形のきびだんごがあるとは、思ってもみなかった。

百代亭（札幌市）では、珍しい串に刺さったきびだんごを販売

きびだんごの流れを整理してみると、岡山で誕生したことは間違いないだろう。その後、北海道で餅飴の発展形として谷田製菓のきびだんごが創製され、戦地の携行食として全国に広がる。それに伴い、名古屋でも作られるようになった、という大ざっぱな流れが見えてくる。

きびだんご一つとっても、お菓子のルーツや変遷にまつわる物語は奥深く、追究すると果てしない。でも、だからこそお菓子研究はやめられないのだ。

80余年の歴史に幕を閉じた「国産製菓のきびだんご」

道内3社のうちの1社が撤退 さらば函館の雄・国産製菓

函館市内の高砂通沿いに建つ工場の塀には、大きく「きびだんご」の文字。入口の鉄製の扉には、「国産」の赤いマークが象られている。昭和5（1930）

年に加藤昇が創業し、加藤製菓工場として出発した「国産製菓」は、創業から半年後の同6年にきびだんごを発売。翌年には卸販売も始め、のちに社名を国産製菓と改称した。

　北海道の「きびだんご」は、名前こそきびだんごだが黍はまったく使っていない。国産製菓では水飴と砂糖を主原料に、澱粉、もち米粉、小麦粉、植物性油脂、食塩を入れ、さらに30年ほど前から蜂蜜を加えてきた。

　以前は、道産の小豆だけを使って生餡を練り込んでいたが、コスト面から輸入ものをブレンドして使用。生餡が入っているため、口に含むと羊羹にも似た味わいを感じるのだが、それこそが、北海道のきびだんごが根強く支持されてきた理由ではないだろうか。

　ところで筆者は、菓子メーカーを訪れると、昔のパッケージなどを見せていただくのを楽しみにしている。1枚でも見られると、それだけで訪問の達成感は高まる。国産製菓の事務所には、これまで発売してきたきびだんごの包装紙が5枚、きれいに額装して飾られていた。

　通された部屋のドアには、旧漢字で「應接室」の文字。天井は折り上げ天井で、円柱や黒光りした壁が、優しい空間を創り出している。聞くと、社屋は創業時のままかもしれないという。いるだけで気持ちが落ち着くのは、積み重ねた歳月のせいだろうか。帰りがけ、仕事着姿の社員たちとすれ違った。口々にかけてくれる挨拶の明るさが、きびだんごのやさしい味わいと重なりあったことを覚えている。

　その国産製菓が、本書の刊行を間近に控えた平成23年12月20日、製造設備を同業の天狗堂宝船に譲渡し、菓子の製造から撤退することになった。こうして、80年に及ぶ「国産製菓のきびだんご」は消えてしまったのである。

ニシン、炭鉱、金融で栄えた

Ⅲ・

昭和前期（戦前）のお菓子

confectionery graffiti in Hokkaido

かつての栄華を伝える
伝統菓子からハイカラ菓子まで

昭和初期●羽幌町

金時羊羹《きんときようかん》

●製造　㈲梅月
●住所　羽幌町南大通2
●電話　（0164）62－2272
★1本　950円
★2本（箱入り）　2000円

近所の看板屋さんが描いた箱の絵

日本海沿いに走る国道232号は、青空と蒼い海がどこまでも広がり、北方圏らしい風景を満喫させてくれる。その留萌エリアの中部に位置するのが、かつて道内有数の炭都だった羽幌町。

筆者にとっては、「太田理容院」の町でもある。というのも、大正7（1918）年頃に建てられたとされるアールヌーボー調の店舗は、その突き抜けた存在感ゆえに、見るものに鮮烈な印象を与えてくれるからだ。

そして、羽幌は「金時羊羹」の町でもある。筆者の周りにも熱烈なファンがいて、あの「虎屋」よりおいしいと断言する人もいるほどだ。その金時羊羹を作るのが、太田理容院からわずかに札幌寄りの国道沿いにある、老舗の菓子司《かし》「梅月《ばいげつ》」。創業者の中谷為次郎（生まれは明治25年頃）は石川県の寺で生まれ、のちに養子に入って小原姓となる。やがて菓子職人の道に進み、小樽などで修業後、留萌の「中谷菓子店」を経て、大正12年3月に羽幌で梅月を創業した。

当初は、饅頭やきんつば、飴などを作っていたが、良質炭を産出する羽幌炭礦のおかげで町が栄えていたこともあり、作るそばから飛ぶように売

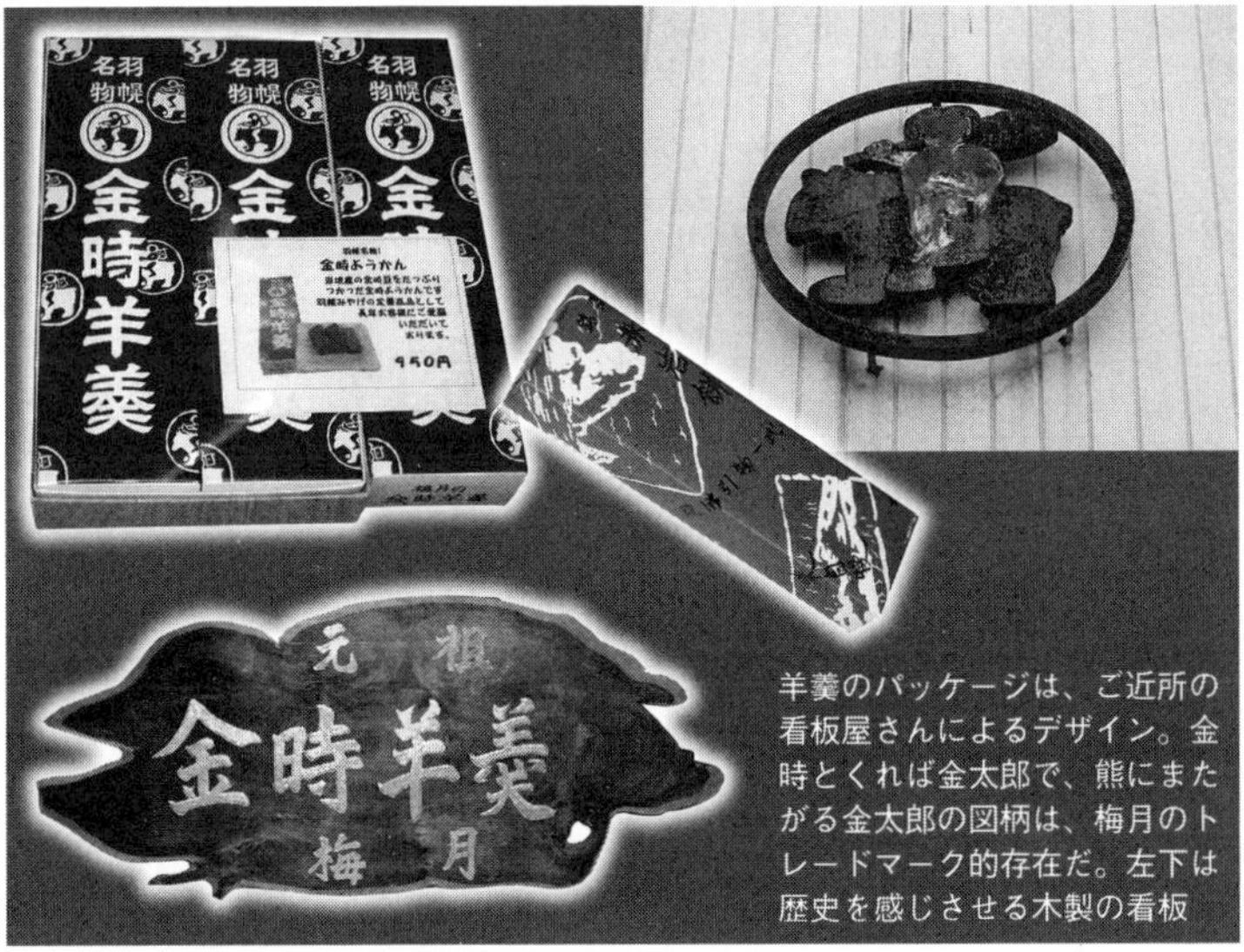

羊羹のパッケージは、ご近所の看板屋さんによるデザイン。金時とくれば金太郎で、熊にまたがる金太郎の図柄は、梅月のトレードマーク的存在だ。左下は歴史を感じさせる木製の看板

れたという。商いはすぐ軌道に乗り、その後はアワビの貝殻の中に羊羹を流し込んだ「アワビ羊羹」や、小判型の最中などを創案する。が、看板商品はやはり金時羊羹にとどめをさす。

紙箱には、金時にちなんで熊にまたがる金太郎の絵が描かれている。手がけたのは、ご近所の看板屋、故本間正吉さん。不思議な味わいの絵柄が独特の存在感を醸しだす。初代・為次郎の創案によるこの羊羹だが、最初に売り出された時期は昭和初期とだけしか伝わっていない。

「爺ちゃんから、きちんと話を聞いておくんだったと後悔しています」

3代目・克美さんのもとに、昭和52（1977）年に嫁いだ優美子さんは、本当に無念そうに話してくれた。梅月は、初代から2代目・政勝を経て克美さんが継ぎ、4代目の健嘉さんに引き継がれた。現在は小原さん親子が、70種にのぼる和洋菓子を手がけている。

北海道で「金時」といえば、金時芋（さつまい

も）よりも金時豆のこと。だから金時羊羹には金時豆が入っている。厚さ25㎜、幅54㎜、長さ20㎝の棹羊羹だが、サイズや形はこれまで何度か変わっていて、昔はもっと幅が細く、厚みがあった。というのも、金時豆をそのままの形で中に入れるには、ある程度の厚みが必要だからだ。

濃厚な色艶と力強い味わい

羊羹に使う餡は、半日かけて仕込む自家製。その餡に、上白糖と水飴、丹波の糸寒天を加えて2時間ほど練り上げ、仕上げに金時豆を加える。それを手作業で1本ずつサックに流し込み、冬は一晩、夏場はもう少し寝かせて固める。この作業を1日おきくらいで行い、一度に約100本、年間で1万5000本ほどを作るという。

濃厚な色艶の羊羹は、ひと目見ただけでコクのある味わいを想起させる。そこにナイフを当てると、丸ごと入った金時豆の断面が、黒い生地の中にほの白く浮かび上がった。羊羹とは異なる豆の食感は、歯ごたえと甘さの両方に変化をつけ、アクセントを生み出す。最近は水っぽいくらい薄味の羊羹が多いけれど、しっかりした腰と味を兼ね備える金時羊羹は力強さにあふれている。

梅月には、金時羊羹と並ぶもう一つの名物菓子がある。それが、日本一大型と銘打つ「名所大型最中」。直径およそ17㎝、厚さ2㎝以上とその名に違わぬ大きさで、皮の表には羽幌の名所、裏には北海道地図が大きくかたどられている。最中は4つに分割でき、それぞれに粒餡、胡麻餡、抹茶餡、求肥入りこし餡が入る豪華さだ。

初代の為治郎は生前、「羊羹さえあれば、店を続けてゆける。羊羹と最中だけは作り続けてほしい。味の秘訣は心をこめること」と語っていたという。「それぞれ形は違いますが、一つ一つの工程に手間をかけている分だけ、私たちが手作りするお菓子には愛情が染み込んでいると自負しています」と優美子さん。創業者の思いは、今もしっかり受け継がれているようだ。

昭和初期●北見市

ハッカ豆

砂糖がけのコツが生む独特の美しさ

デコデコのツノが、絶妙のバランスで生えた真っ白い大きな粒。頬張るとハッカの香りがふわっと立ち、すぐあとに甘みがやってくる。そしてひと囓りすると、今度は炒り大豆の芳ばしい香りが広がった。これこそが「ハッカ豆」だ。

北見にはハッカにちなんだお菓子が多い。その中で、筆者が最初に食べたのがハッカ豆だった。「そもそもハッカ豆は、明治44（１９１１）年に水津春輔が北見で始めた梅香堂《ばいかどう》が原点です」と春輔の孫である仁郎さん。旭豆（Ｐ23）を参考に春輔が製造した「朝日豆」に、息子の倉太がハッカ油を吹きかけるなど改良を加えて創製したのが「薄荷豆」だ。それが昭和10（１９３５）年以前のことで、同13年になって商標登録も行っている。

やがて戦時色が強まり、材料の入手が難しくなると、地元で薬局を営む大槻繁次郎が昭和15年に「北海精糧」を設立し、その工場を材料不足に悩む市内の菓子屋に提供。そこに集まった菓子職人の中に倉太や、北見の朝日堂で働く古屋梅男がいた。のちに古屋は北海精糧の社長となるが、同36年に倒産。その際、ハッカ豆の製造を引き継ぐ目的で設立されたのが「ハッカ豆本舗」で、同46年

●製造　㈲ハッカ豆本舗
●住所　北見市豊地22－15
●電話　（０１５７）３６－６９６１
★袋入り（２００g）３９９円

に古屋が社長となり、同55年には三男の考造さんが跡を継いだ。

昭和59年に移転した工業団地内の工場を見せてもらった。ハッカ豆の味のポイントは、表面をコーティングするハッカと糖のバランスにあるが、さらに言えば、中に入っている豆の味が基本中の基本。だから、大豆を炒る作業に最も気を使う。

豆を炒るタンク状の機械は年季が入っていて、考造さんが生まれた昭和23年以前から使われているというから凄い。その中に大豆を入れてガスで炒るが、昔はコークスを燃料にしていた。炒った豆に砂糖と糖蜜をまぶす「地がけ」という作業を3回も行い、そのあとに乾燥させる。乾燥した豆を大きな壺を斜めに寝かせたような回転器の中に入れ、ぐるぐる回しながらビート糖蜜で砂糖がけする。この時、豆がぶつかり合うことで形成されるのが、表面を覆うツノなのである。

この工程には、いくつかのポイントがある。豆の表面に蜜が付着しやすいよう小麦粉をつけ、そこに蜜をかけるが、かけ方にコツがある。蜜を少しずつかけると、表面にツノが生えてくるのだ。もしこの作業を一気にやってしまうと、すべすべの玉になってしまうという。またノリ付き豆は、できたものを一日乾燥させてからノリをまぶす。最後に袋詰めの直前、噴霧器を使ってハッカをまんべんなく吹きかける。その香りは新鮮なまま密封され、私たちの元に届くという訳だ。

同業者が友情と心意気で継承

原材料の砂糖や大豆、小麦粉は、道内産を使用している。現在もハッカは北見周辺で栽培されているが、馬の整腸剤などに使われる程度で統計的にはゼロ。それでも、ハッカ豆には滝上町産のハッカ油を中心に使い、インド産も併用している。

これまで、ハッカ豆の表面に工夫を凝らしながら、新しいバージョンの開発にも取り組んできた。かつては、全部ノリだけの製品を出したこともある。すると本州の人から、「カビが生えてるんじゃ

ドラムの中でガラガラと音を立てて回る豆に、慣れた手つきで蜜をかけていく（左下）。すると、表面に白いツノが伸びてくるのだ（左上）。中央はハッカの葉。右はハッカ豆本舗の本社

ないか」という問い合わせが殺到したそうだ。「抹茶や黒糖で、色づけしたこともあります。でも、おいしくなかった。いろんな色を混ぜた新製品に挑戦した時は、ぱっと売れたけど、ぱっと終わりましたね」と笑う孝造さん。やはりハッカ豆は「白」が似合うということなのだろう。

平成22年12月、取材させていただいた古屋孝造さんが亡くなられた。伝統のハッカ豆は生産中止に追い込まれ、存続が危ぶまれた。だが、孝造さんの幼馴染で、同じ北見の永田製飴（ハッカ飴〈p156〉の製造元）で社長を務める永田正記さんが、会社と従業員をそのまま引き継ぎ、次男の泰之さんを社長に据えて生産を続けている。古屋さんとの友情の厚さを感じさせるとともに、地域の伝統を守ろうとするその心意気がうれしい。

ただし、経営者の変更に伴い、使う大豆を中粒から大粒の北海道産に替え、青ノリ付きの豆はやめた。果たして今後、ハッカ豆は何を継承し、どう成長してゆくのだろうか。

昭和5（1930）年●札幌市

山親爺《やまおやじ》

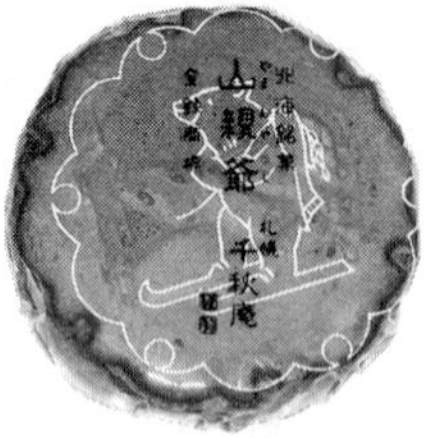

●製造　千秋庵製菓㈱
●住所　札幌市中央区南3西3－17
●電話　（011）251－6131
★2枚入り　116円
★角缶（20枚入り）　1389円
★丸缶（35枚入り）　2337円

耳に馴染んだコマーシャルソング

出てきた　出てきた　山親爺
笹の葉かついで　鮭しょって
スキーにのった　山親爺
千秋庵の山親爺

「戦後、歌を作るのが流行ったんです。そこで山親爺の歌を作ろうということになって、電通に依頼しました。昭和30年代前半のことです」

札幌・千秋庵製菓（以下、札幌千秋庵）会長の岡部卓司さんは、大正13（1924）年、現在本店の建つ場所にあった自宅兼店舗の2階で生まれた。以来、店の歩みとともに80余年の人生を歩んできたことになる。

冒頭の「山親爺」のコマーシャルソングは、筆者が子どもの頃から馴染んでいて、メロディーも歌詞も体に沁み込んでいた。とはいえ、本当に正しいかの判断がつかない。そこで札幌千秋庵に電話をすると、「歌詞を言ってみていただけますか？」。電話口で歌うように詞をなぞると、途中から両方で唱和する感じになった。覚えていた歌詞は正しかった。さらにいろいろ尋ねると、どんな問いにも的確な答えが返ってくるので驚いた。しばらく会話を続けて謎が解けた。その電話の相

♪きょうのおやつは山親爺　千秋庵の山親爺、のCMソングで道民に親しまれる、熊が浮き出た煎餅。箱や缶に入れられた、さまざまな栞を読むのも、札幌千秋庵ならではの楽しみだ

手こそ、岡部会長その人だったのである。

そもそも山親爺は、北海道に生息するヒグマの愛称。お菓子の山親爺は、雪の結晶を象った円い六華の煎餅で、表面には笹に引っかけた鮭を背負う熊が、スキーに乗る姿が浮き出ている。まさに歌詞の通りで、キツネ色の表面からはほんのりとバターの風味が漂う。その味わいは、誕生から80年以上の歳月を経ていると思えないほどモダンで、衰えることのない人気も頷ける。

山親爺といえば、そのパッケージもお馴染み。昭和5（1930）年の発売時から使われる黒い円缶である。これを小物入れなどにしていた家も多いはずだ。缶にはもう1種類、洋風デザインの四角いハイカラ缶もある。

千秋庵が作ってきた菓子文化

札幌千秋庵を開いた岡部式二は明治26（1893）年、群馬県多野郡の後藤家に生まれた。小学4年で東京に出ると、宮家にも出入りした老舗菓子屋「壺屋出羽」で丁稚奉公を始める。そこに入ってきたのが、丸の内などの塩瀬で工場長を務めた菓子界の大御所・松田咲太郎。やがて式二は、松田の紹介で宮益坂の塩瀬の職長になる。

さらに、千葉の大橋堂などで仕事をしていたところ、式二の技術を高く評価する松田から、北海道で開道50年記念の博覧会が開かれるので、小樽の千秋庵が腕のいい職人を探しているという話が持ち込まれる。そこで開催前年の大正6年8月、式二は北海道に初めて渡り、山中邦吉が営む小樽千秋庵に入社。これが、彼の人生を決めた。

博覧会が終わり東京に帰る式二を何とか引き留めたい山中は、取引業者の娘と見合いをさせて養子縁組をまとめてしまう。岡部式二の誕生だ。その後、式二は札幌中心部の旧ライオン食堂だった2階建ての洒落た店舗を購入。大正10年9月5日に、札幌千秋庵を創業した。和菓子に加え、当時はまだ札幌になかったシュークリームやスイートポテトを販売して評判を得る。さらに、昭和5年には建物の改築にあわせ、喫茶部を2階にオープン。山親爺の発売もこの年だった。

山親爺の円缶を買ったことがある。化粧箱を開けると、黒い円缶の横に白い紙が3枚。「お願い」と作家船山馨の「山親爺を愛す」の一文、そして詩人堀口大学の山親爺を織り込んだ詩。缶の中には丸い紙が2枚。黄色い方に中村汀女の文が書かれ、黄緑の紙片にはお願い文が。こうしたミニレターを楽しんだあと山親爺を食べようとしたら、コロリと落ちたものがある。プラスチック製の、ぷっくりした狼のような山親爺の人形だった。

お菓子にはその誕生と歩みを通して、さまざまな物語が息づいている。作る人と食べる人を結ぶその物語を伝えるのが、菓子に添えられた栞であり、山親爺の人形なのである。経済効率最優先の風潮は、そこまで粋な心遣いのできる菓子店を確実に減らしてきた。だからこそ、缶入り菓子や山親爺に象徴される「札幌千秋庵文化」を、ぜひ継承してほしいし、これからも支えて行きたい。

昭和6（1931）年●栗山町

栗まんじゅう《くりまんじゅう》

酒と甘いものが好きな初代が創案

お菓子は甘いものと限らない。が、餡の入った饅頭といえば、これはもう甘いに決まっている、はずだった。ところが、空知の栗山町には、塩味の餡を使った異色の「栗まんじゅう」がある。

栗山駅はかつて、夕張鉄道線と国鉄室蘭本線が交差する交通の要衝だった。夕張鉄道線は、北海道炭礦汽船が石炭などの輸送を目的に大正10（1921）年に設立した夕張鉄道により、大正15年に開業。その栗山駅で昭和6（1931）年、立売を始めたのが川瀬佐七だった。

●製造　㈱美津和商会
●住所　栗山町中央2－182
●電話　（0123）72－0237
★1個　74円
★真空パック（5個入り）　420円
★真空パック（15個入り）　1260円

佐七は富山県中田村（現高岡市）出身で、長年国鉄に勤務し助役や駅長まで務めた。しかし、小学校卒のため将来に限界を感じ、40代で脱サラして苫小牧で商売を始めるが、大火で店が類焼。その後、発展を見込んだ栗山に移り住み、「美津和商会」を創業した。

ホームの立売では、弁当や菓子のほか、谷田製菓などの商品も販売。昭和33年頃の販売品目は、弁当、鮨、栗饅頭、蒸焼栗、栗飴、餅、菓子、パン、黍団子、牛乳、コーヒー、和洋酒、清涼飲料、アイスクリーム、湯茶、煙草、新聞、雑誌など、実に多彩だった。佐七の孫にあたる3代目の清史さんも「何でも屋だった」と語るように、売れそうな物はひと通り扱った。栗に関する商品が多いのは、やはり栗山ならではといえようか。

中でも栗まんじゅうは、駅の開業と同時に創製、販売したもので、栗山名物の一つとして早くから有名になった。この栗まんじゅうの餡が、塩味なのである。味も独特だが、大きさもほかの栗まんじゅうに較べて、小さめのひと口サイズだ。「じいさんは、酒も甘いものも好きでした。だから餡の中に塩を入れるなんてことを考えたんでしょう。甘い物が苦手な人にも、残さず食べてもらいたいと思ったんでしょうね」と清史さん。こうして生まれたのが、美津和の栗まんじゅうだった。

商いの中心には栗まんじゅうが

この栗まんじゅうに初めて出合った時は、やはり驚いた。形がまさに栗型だったからだ。栗まんじゅうは一般的に小判型の長円形で、もっと大きくてずんぐりしている。色合いは濃厚な栗色で、表面がてらてらと照り光り、食べるとかなり甘みの強い白餡の入るものが普通である。

ところが、美津和のそれは小判型でなく栗の形、大きさは一口で食べられるサイズ。しかも表面にこげ茶の照りもなく、淡い茶色と異色だ。おまけに餡は甘くないどころか、しっかり塩味がきいているのだから、これはお菓子好きの筆者にとって、一大事件であった。

試しに大きさを較べてみよう。美津和の栗まんじゅうは、縦42㎜、横47㎜、厚さ18㎜。同じ栗山の他店で買った栗まんじゅうは、縦48㎜、横67㎜、厚さ27㎜とひと回り大きい。形は小判型で、表面に濃厚な茶色の照りがあり、中には甘い白餡が入っている。典型的な栗まんじゅうだ。つまり、同じ町内においても、美津和のそれは出色の存在なのである。

美津和商会が立売を始めたのは、夕張鉄道の開業による栗山の発展を見越してのことだった。しかし、炭鉱の相次ぐ閉山により、夕張鉄道は昭和

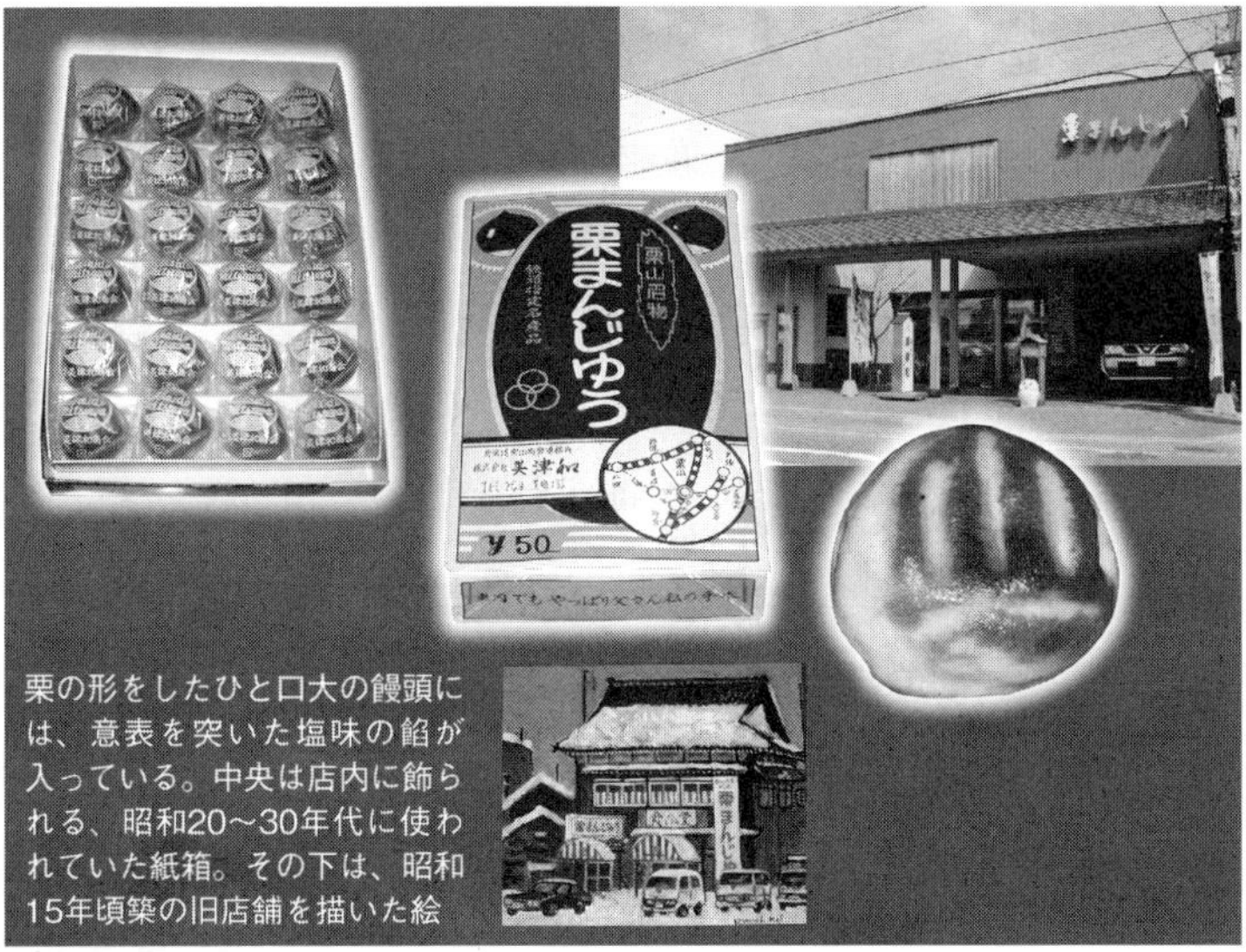

栗の形をしたひと口大の饅頭には、意表を突いた塩味の餡が入っている。中央は店内に飾られる、昭和20～30年代に使われていた紙箱。その下は、昭和15年頃築の旧店舗を描いた絵

40年代の後半になって次々と営業を休廃止する。そして同49年3月末をもって、最後に残っていた野幌―栗山間の旅客営業も休止。翌50年3月末、夕張最後の炭鉱である「北炭平和炭鉱」の閉山によって全線が廃止された。そして夕張鉄道の廃止を機に、長年続けた立売をやめている。

店舗を移転、新築したのは平成13年のこと。これを機に、小売店舗を併設したレストラン「ひつじ八」をオープンさせた。洋食が中心のフードメニューは驚くほど多彩で、すべて清史さんの妻・恵子さんが調理を担当している。また、菓子類を置く売り場の一角には、立売時代に使っていた陶器製のお茶の容器と、昭和20～30年代に使われていた栗まんじゅうの紙箱が飾られ、80年に及ぶ店の歴史をアピールしている。

駅弁、アイス類、弁当などの卸しに始まり、現在はレストランも営む美津和商会。時代に合わせてさまざまな商いを複合させてきたが、その中心にはいつも栗まんじゅうがある。

昭和7（1932）年●赤平市

塊炭飴《かいたんあめ》

ニッキの香り、ふわり

根室本線のＪＲ茂尻駅前を下った一帯には、かつて駄菓子屋や呉服屋などが並ぶ商店街があった。筆者はその一角に建つ谷口商店で、昭和25（１９５０）年に生まれた。母の実家で、祖母が切り盛りする万屋のような店だった。国道沿いに映画館があり、終映後は人波が溢れたものだ。商店街に流れるその一群を当て込んだのか、夏はかき氷やトコロテン、冬には店先でサツマイモを蒸かし、遅い時間まで売っていたことを覚えている。

赤平市の茂尻は、大正７（１９１８）年に雄別茂尻炭鉱として開鉱。子どもの頃、祖母の店から見た炭鉱町の華やかさは、札幌で見るどんな賑わいよりも濃密な高揚感があった。人口は比較にならないが、札幌にいるとスカスカな感じがするのは、当時の茂尻がモノサシになっているからだろう。夏休みに遊びに行くと、従姉兄たちにくっついて店番の真似ごとをした。食品や日用雑貨を扱いながら、夏になるとアイスキャンデーも売り、製造元まで仕入れに行ったこともある。それが石川商店だった。石川商店が「塊炭飴」の製造元だと知ったのは、もっと後になってからのことだ。

石川商店は、大正11年に石川豊作が創業。世界

●製造　㈲石川商店
●住所　赤平市茂尻中央町南４
●電話　（０１２５）３２－２３３１
★袋入り（２００ｇ）　３００円
★角缶（５５０ｇ）　８５０円

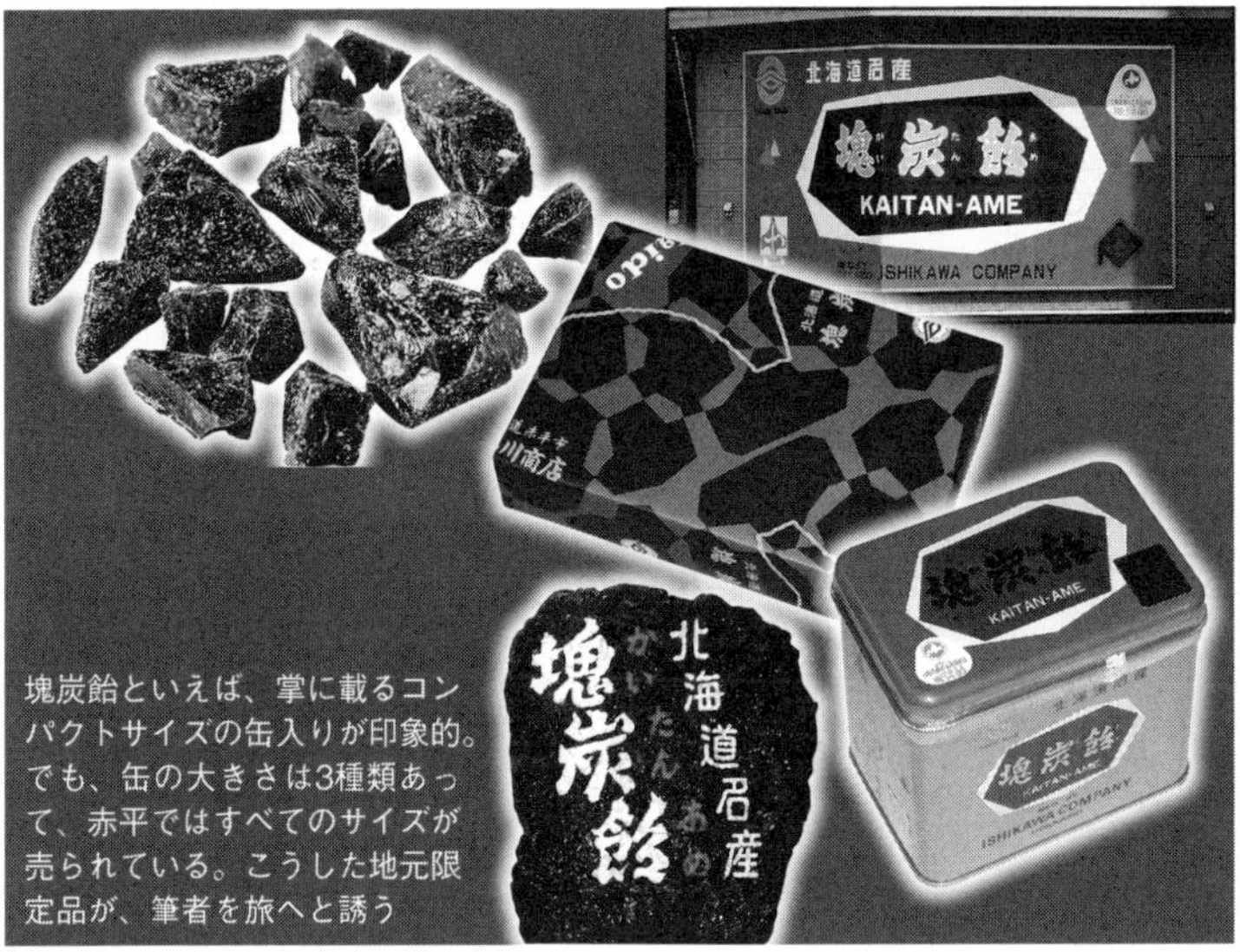

塊炭飴といえば、掌に載るコンパクトサイズの缶入りが印象的。でも、缶の大きさは3種類あって、赤平ではすべてのサイズが売られている。こうした地元限定品が、筆者を旅へと誘う

恐慌のあおりから脱した茂尻炭鉱が、業績を伸ばし出す昭和7年に塊炭飴が生まれた。小豆色のメタリックな輝きを放つ缶の中からは、黒ダイヤのように艶やかな飴が姿を現し、ニッキの香りがふわりと広がる。こうした石炭系の飴は、炭鉱で栄えたマチが多いだけに道内各地で作られた。

味は大きく2系統あり、塊炭飴のようにニッキが入るものと、入らないものに分かれる。後者を代表するのは、夕張の「山光堂」が世に送り出し、現在は阿部菓子舗が製造販売する「炭塊糖」だ。

石炭の色を見事に再現

塊炭飴の材料は、ビート糖と水飴。これを鍋で煮詰め、冷ましながらニッキを練り込むが、この時に使っていたのが石炭を燃料にした炉だった。しかし、石炭価格の上昇、運搬や灰を捨てる手間、火力安定にかかる時間の問題に加え、煤による汚れなどもあって、やがてガスに転換。一時期、石炭に戻したこともあったが、その後は再びガスに

変更して現在に至っている。

炉で練り込まれた飴は、冷やすと波打った厚い板状になる。これをハンマーで大きめに砕き、食べるのに丁度いい欠片にしていく。ある程度の大きさと形が必要なので、できるだけ無駄が出ないようにするのがコツだ。すべて手作業だからサイズも形も不揃いになるので、量が片寄らないよう気を配る。こうした手順は創業時から変わらず、経営は初代の豊作さんから豊治さんを経て、現在は3代目の裕晃さんに引き継がれている。

こうして作られた塊炭飴を口に含むと、飴特有のねっとり感がなく、噛むと小気味よく割れる。そのさらりとした食感は、水飴の比率を下げることで実現した。また、この飴の特長に色合いがある。まさに、石炭そのものといった感じの真っ黒さなのだ。これは、竹を炭にした粉末を色素に用いることで生み出されている。

現在は、札幌を始め道内各地の土産店などで幅広く販売される塊炭飴。懐かしさから購入する人も多いが、ゴルフ場でコースを回りながら口にする人もいるそう。東京や京都など本州のデパートからも直接、注文が入る。また、作家の吉川英治の書生を名乗る人物から手紙が届き、吉川が塊炭飴ファンだったことがわかった。『新・平家物語』などを執筆する傍らに、塊炭飴の缶があったのだろうか——。

さて、最盛期には年間40万トンを採炭した雄別茂尻炭鉱だが、何度か大きなガス爆発事故を起こし、昭和44年の坑内爆発を機に翌年には閉山。このとき、谷口商店の建物はもう人手に渡っていた。この事故と前後したある日、偶然に小さな新聞記事を目にする。それは生家の建物が、火災で全焼したという内容だった。すでに他人の持ち物とはいえ、ショックだった。

その後も、茂尻には折にふれて足を運んでいる。商店街の衰退、というより解体は、記憶の町並みを消し去っていく。だが、「塊炭飴」の健在ぶりは、私にとって変わらぬ故郷の証となっている。

昭和8（1933）年●旭川市

壺もなか《つぼもなか》

●製造　㈱壺屋総本店
●住所　旭川市忠和5－6－5－3
●電話　（0166）61－1234
★12個入り　1400円

北海道の壺屋は旭川が原点

もう40年近く前のこと。鈍行列車を乗り継ぎ、札幌から九州まで旅したことがあった。東北に入ると、車窓から見える畑や田んぼの中に、「白松がヨーカン」「白松がモナカ」と書かれた野立て看板があるのを見て、ある種の感慨が湧いたのを覚えている。というのも、わが家の頂き物のお菓子は、白松がモナカが多かったからだ。

一方、道内で最中といえば、何といっても「壺もなか」である。赤平生まれなので、北空知を回るとよく「壺屋」の看板と出合い、札幌でも何かと目にしていた。そんな訳で、筆者にとって北海道の最中といえば、壺屋の壺もなかとなる。

壺屋という名の菓子店は東京を始め全国各地にあり、道内でも釧路、砂川、札幌などでその看板を目にしてきた。壺屋に限らない。例えば虎屋も、京都を出自として創業500年に迫るあの虎屋をはじめ、全国各地にさまざまな虎屋がある。

北海道の壺屋の原点は、旭川にあった。壺屋では暖簾分けの際、「壺もなかだけはここの皮を使い、餡はそれぞれで品質のよいものを使いなさい」という約束を交わしたのだという。どこも壺屋の名を使ったが、原点となる旭川は「壺屋総本店」

に改名し、現在に至っている。

壺屋総本店は、昭和4（1929）年創業。金沢出身で厚田村（現石狩市厚田区）字古潭の漁師村本家の3男である村本定二が、小樽の花月堂をへて東京・赤坂にある倉田屋で修業、のちに独立したのが始まりだ。「最初は水飴のような単純なものから始めたんでしょうね。そして、煎餅や落雁などの打ち菓子を缶に入れ、背中に背負って家々を行商していたようです」と3代目の村本洋さん（昭和17年生まれ）。村本さんは東京の大学を卒業後、安政4（1857）年創業の「榮太樓總本舗」へ入り、昭和43年に旭川へ戻った。

最中で結ばれた旭川と仙台

壺屋という屋号の由来については、村本さんが子どもの頃に父親が、当時、大河内傳次郎主演でヒットした映画「丹下左膳」に出てくる、百万両の在りかを示す秘宝〝こけ猿の壺〟に由来すると話していたという。その名の通り、壺もなかのモナカ種は壺の形で、表面に壺屋の文字が刻まれている。昭和8年に創業5周年の記念菓として売り出したもので、当初は1個2銭、毎月1日と15日には6個10銭で特売。それが功を奏して爆発的に売れ、類似品も出たほどだった。

2種類ある餡は、大納言の赤と白隠元の白。どちらも豆は旭川や美瑛産のものを使い、大納言は粒餡に、白隠元の餡には大福豆が入っている。昔は甘味の強さが評判だったが、現在は豆の風味が香るほどよい甘さとなっている。

村本さんによると、かつて旭川では三色最中が流行った時期があった。その中心が「中屋」で、その職人の中には宮城県で白松がモナカを創業した人物もいたという。意外にも旭川の地で、筆者の中に早くから刷り込まれていた二大最中、壺もなかと白松がモナカが結びついたのである。

白松がモナカの製造元である「白松が最中本舗」（当時）の創業は昭和7年。創業者である早坂恒二（のちに白松恒二に改名）は、大正期後半に全

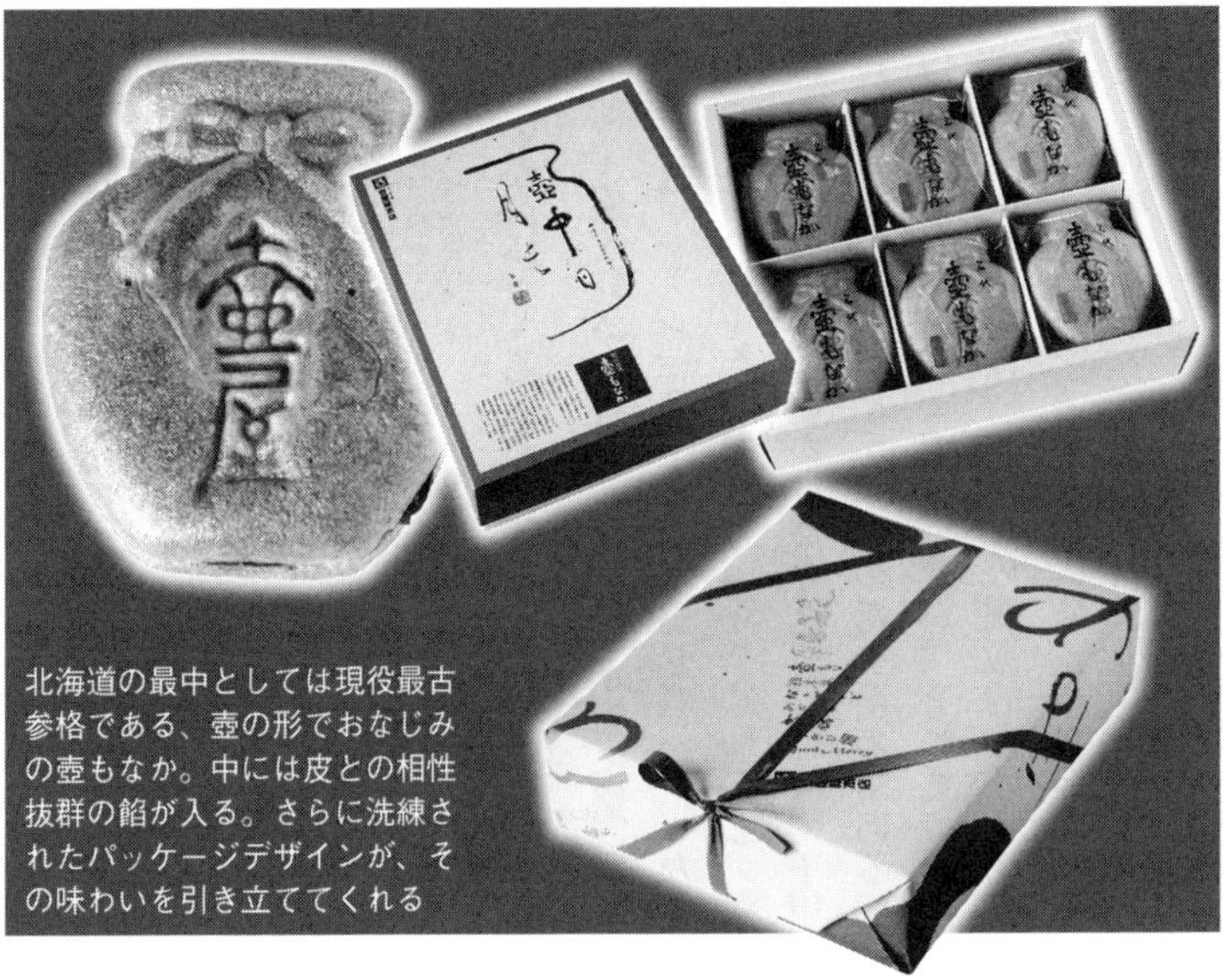

北海道の最中としては現役最古参格である、壺の形でおなじみの壺もなか。中には皮との相性抜群の餡が入る。さらに洗練されたパッケージデザインが、その味わいを引き立ててくれる

国各地の菓子屋を、流れ職人として渡り歩いた人物。その時代に北海道にも来ていたそうで、旭川の中屋にいた話ともうまく繋がる。

中屋は三色最中で有名だったということだが、仙台には白松がモナカのほかにもう1軒、同じく最中で知られる「寿三色最中本舗」がある。その代表的銘菓が、三色最中なのである。最中を接点にした旭川と仙台の共通点を考えてゆくと、今度は三色最中の存在も気になってくるのだが。

さて、壺屋では今なお、独自の製品を生み出す工夫に余念がない。昭和57年に発売した「き花」は、同63年以降、連続してモンドセレクションの金賞を受賞するなど、新しい試みにも取り組む。

その陣頭に立つ村本さんは、最後にこう語ってくれた。「お菓子は生活文化そのもの。だから、まず花鳥風月を大切にしなくてはなりません。北海道はこれだけ食材に恵まれているので、それを生かすような、独自の気概を持つモノづくりが望ましいですね」。

昭和10（1935）年●北見市

薄荷羊羹《はっかようかん》

●製造　㈱清月
●住所　北見市北1西1‐10
●電話　（0157）23‐3590
★1個　578円
★2個　1260円

追いかけてくるさわやかな香り

薄荷羊羹を初めて食べた時は、本当に驚いた。ひと口目は「アレッ?」という感じ。ハッカなんて入ってないじゃない、と思った。けれども、やや経って時間差で追いかけてきた清涼感は、予想に反して実に軽く爽やかなものだったのである。

以前から存在を知ってはいたが、それまで食指が動かなかったのは、ハッカの刺激的なイメージが強かったからだ。そんな先入観が、よい意味で裏切られた。ハッカの刺激を抑えて、「ちょっと足りないくらいの、お洒落な感じで行こう」という作り手の狙いが、うまく味に表現されている。

この時間差でくる感覚は、筆者に限ったものではない。羊羹を買った客から、店に苦情の電話が入ったことがあるという。「これ、普通の羊羹じゃないか」「今、食べられましたか？　ちょっと待ってみてください」。すると、電話の向こうから「あっ、来た来た!」。そんな逸話があるほど、絶妙なハッカの利かせ方なのだ。

渡辺主税さん（昭和14〈1939〉年生まれ）は、JR北見駅前にある昭和10年創業の「菓子処清月」2代目である。渡辺さんの祖父・金吾は岐阜出身で、明治30（1897）年に屯田兵として端野町

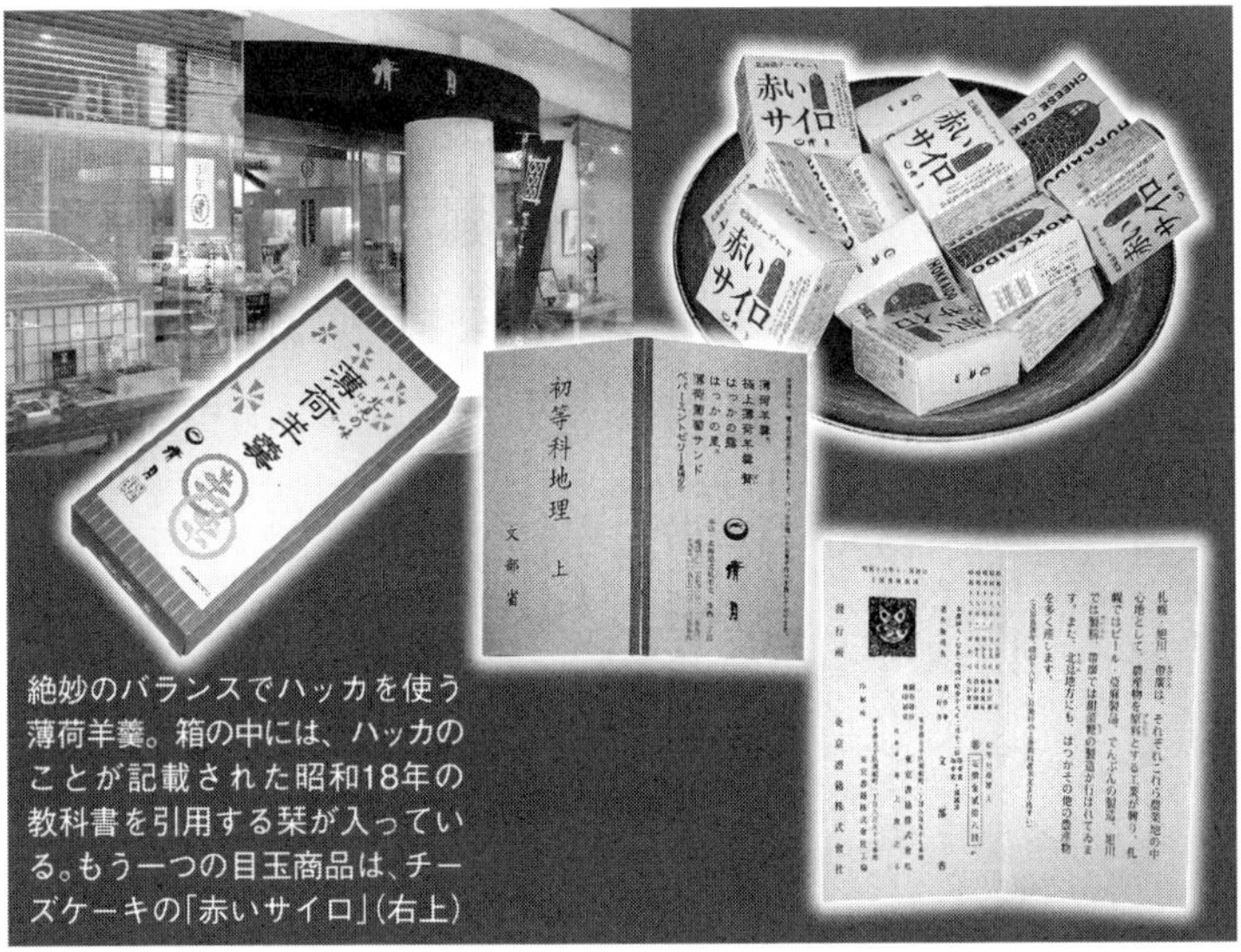

絶妙のバランスでハッカを使う薄荷羊羹。箱の中には、ハッカのことが記載された昭和18年の教科書を引用する栞が入っている。もう一つの目玉商品は、チーズケーキの「赤いサイロ」（右上）

（現北見市）に入地。菓子屋を開業したのは、息子の正重（明治45年生まれ）だった。

休日に野付牛（現北見）を訪れると、菓子屋のショーウインドウを覗くのが楽しみだった正重は、「大人になったらお菓子屋になる」と決意。小学校を出るとすぐ北見の菓子屋に弟子入りし、5年の年季が明けたあとは関西の菓子屋に弟子入りする。そこで正重は、小林清松・月子夫妻と出会い、養子にと乞われるほど可愛がられた。

しかし、帰省した際に母親から「お前の作ったお菓子は、いつ食べられるのかい」と問われたのを機に、故郷での独立を決意。夫婦はたいそう残念がり、自分たちのことを忘れないようにと、二人の名前に因む「清月」の名を贈ってくれた。

餅や団子、どら焼き、饅頭など、和菓子全般を幅広く扱うが、「清月といえば薄荷羊羹」といわれるほどの看板菓子が生まれたのは、創業と同時だったというから驚く。菓子職人としての腕は、修業時代に磨き抜かれていたようだ。

目指すのは心の故郷になれる店

昭和36年冬、大学の卒業を間近に控え、東京の洋菓子店への就職も決まっていた主税さんのもとに、初代から電話が入った。「うちへ帰ってこい。家が火事で燃えた」。急いで帰ると、雪の中に黒焦げの柱だけが残り、そこに引っ越し先の住所を書いた紙が貼られていた。焼け跡からは、店が写った写真が3枚出てきたきりだった。店を再建するため主税さんは帰郷し、新しい店舗の図面を自ら作成。1階が店と工場、2階に家族の住居と社員寮、そしてパーラーという構成で、ほぼその通りに仕上がったという。

さて、薄荷羊羹の箱を開けると、中に一風変わった栞が入っている。豆本のように折りたたまれたそれは、表に「初等科地理　上　文部省」とあり、裏には昭和18年の発行当時の奥付と教科書から抜粋した文章が載せられている。札幌、旭川、帯広などの産物を紹介する中で、北見がハッカの産地であることに触れる一文だ。「郷土の歴史を菓子で伝えることができれば」との思いから、この栞は生まれたという。一片の紙きれにも、店主の郷土愛が刻まれているのである。

清月のもう一つの目玉が、平成8年に発売したチーズケーキ「赤いサイロ」。最初は名前を「チーズケーキ」にしようと考えた。しかし、周りから「もっと特徴的なものにしたら」と言われ、考えついたもの。サイロが減少している今、北海道ならではの風物詩を名前だけでも残したいという思いもあった。ただし、「サイロ」だけでは商標登録できないため、「赤い」をつけたそうだ。

「お菓子には、人それぞれの思い出があります。だから、お盆やお正月には昔から作るお菓子が売れます。久しぶりに帰った故郷で、『お父さん、小さい頃に食べたお菓子だよね』って家族で語り合えるようなものを作りたい。心の故郷になれるような菓子屋になりたいですね」。主税さんは、そんなふうに思いを語ってくれた。

昭和11（1936）年●小樽市

花園だんご《はなぞのだんご》

●製造　㈱新倉屋
●住所　小樽市築港5－1
●電話　（0134）27－2121
★花園だんご（1本）　84円
★花園三色だんご（1本）　126円

小樽・花園公園に名物団子あり

手宮公園や長橋なえぼ公園など、小樽にはいくつも花見処がある。中でも、中心部に近い花園公園（小樽公園）は、明治の頃から花見客で賑わう名所だった。そのせいか、花園というネーミングは、かなり早い時期に団子と結びついたようだ。

筆者の手元にある、昭和初期の駅弁や駅生の掛け紙の中には、小樽の「花園だんご」もある。それは「かめや」という店のもので、小原某が大正14（1925）年に創業、菓子や餅、団子などを製造、販売していた。掛け紙の図柄を子細に見ると、手宮の古代文字とならんで忠魂碑のある花園公園も小樽名所として登場している。

昭和4（1929）年にかめやが花園だんごを小樽駅で売っていた新聞の広告記事もあり、創業時から団子を作っていた可能性もある。明治期の小樽には、この花園だんごを出す店がいくつもあって、戦後になってからも、かめやを含む数軒が扱っていたという。でも、今では花園だんごといえば、「新倉屋」ただ1軒となっている。

新倉屋は、明治28（1895）年に石川県金沢市粟崎出身の佐井きくが、妙見川沿いで開いた「㋚大阪屋」が前身だ。きくは店で荒物、雑貨、味噌、醤油などの日用品や食料品を扱っていたが、のちに神奈川出身の実業家・新倉正信と結婚。明治37年の大火による罹災を機に、店舗を現在本店のある花園町に移転する。それまでいた色内は、商いに最適な場所だった。しかし、地主からもう貸せないといわれ、当時はまだ繁華街になる前の寂しい花園へ、泣く泣く移ったという。

菓子屋に転身したのは、2代目・新倉慎太郎の時代。不安定な売り掛け商売ではなく現金商売をしたいと考え、ビスケットや駄菓子などを扱うようになった。花園だんごを作るのは昭和11年頃からで、団子を商っていた「七《カネシチ》」という店と、一種の企業統合をして始めている。屋号を新倉屋に変えたのは、昭和20年になってからのことだ。

真似のできない「山型一刀流」

新倉屋の花園だんごといえば、まず思い浮かぶのが独特の餡のつけ方。名づけて「山型一刀流」という。庶民派の団子を、進物にも使ってもらえないかと考えたのである。そのため、見映えのよいものにしようと、戦後になって、洋食ナイフを使って餡を山型につけるようになった。

また、ゴマ団子に小袋に入ったゴマをつけるのも、この店ならでは。ゴマは時間が経つと風味が抜け、水分を吸ってしまう。そこで、いつでもできたての風味で食べてもらおうと考案した。今はビニール製の袋だが、最初の頃はセロハンを三角形に折り、アルミで留めて使っていたという。

現在、花園だんごは5種類ある。「戦後になって五色を強調しようと、黒餡、白餡、抹茶餡、醤油、ゴマの5つを揃えました」と3代目の新倉吉晴さん（昭和16年生まれ）。「五色」を使った言葉には、五色餅、五色の水、五色の酒など、飲食にかかわるものだけでも数多くあり、単なる語呂合わせを超えた縁起力を感じさせる。

ところで、筆者が以前から疑問を感じていたのは、あの独特の山型一刀流をどうして他の店が真似しないのか、ということだ。「聞きに来る方も

山型一刀流の餡掛けが美しい花園だんご（左上）、黒胡麻・白胡麻・海苔の3色だんご（右下）も見逃せない。中央は今はない菓子店「かめや」が作っていた花園だんごの掛け紙（昭和初期）

いらっしゃいます。でも、こんなバカらしいこと、やってられないって言いますよ。一つずつ手で餡をつけていくわけですから。それに、うちでは朝作って残ったら、夜に全部処分します。手間がかかってロスも出る。他所ではやってられないでしょうね」と吉晴さん。聞いてみないと、わからないものである。

　多い時には、週に3、4度も通ってしまうほど、小樽が好きな筆者。札幌では充たされぬものを、このまちと人からもらい続けてきたように思う。小樽に行く時は、自分でいくつか約束事を作っているが、花園だんごを娘への手土産にするのもその一つだ。

　花より団子。本当にうまい団子が目の前にあれば、花もまたその彩りを増す。花見は、うまい団子を食べ、うまい酒を飲める春を再び連れてきてくれた、森羅万象への感謝の宴でもある。花園だんごは、そんな花見と庶民の長い歴史を思い起こさせてくれる。

昭和13（1938）年●赤平市

炭礦飴《たんこうあめ》

●製造　日高屋製菓㈲
●住所　赤平市本町1－2
●電話　（0125）32－3218
★袋（200g入り）315円
★ケース（400g入り）787円

炭鉱のまちに生まれた「青の日高」

赤平には「塊炭飴」（P100）と並んでもう一つ、歴史ある石炭系の飴がある。それが「炭礦飴」である。炭礦飴の製造、販売を手がけてきたのは、JR赤平駅のすぐ目の前にある日高屋製菓。そこは赤平市の中心部といっていい場所だ。ところが、赤平の茂尻地区で生まれた筆者が炭礦飴の存在を知ったのは、比較的最近のことだった。

それには理由がある。茂尻駅と赤平駅は隣りあっているが、子どもの頃の筆者の行動範囲は、茂尻地区の中だけで完結していた。つまり、赤平駅のある市の中心部は、茂尻っ子の筆者にとって未知なる場所だったのである。

「以前、新聞で『赤の石川、青の日高』って紹介されたことがあったんです」

そう語るのは、日高屋製菓を創業した日高定雄（大正5〈1916〉年生まれ）の妻スヱさん（大正8年生まれ）。石川商店が作る「塊炭飴」の赤い缶と、日高屋製菓の「炭礦飴」の青い缶が、一緒に取り上げられたのだ。パッケージの色合いも対照的だけれど、ニッキの味つけの濃淡などがそれぞれの商品を特徴づけてきた。

赤平では大正7年に茂尻で石炭の採掘が始まり、

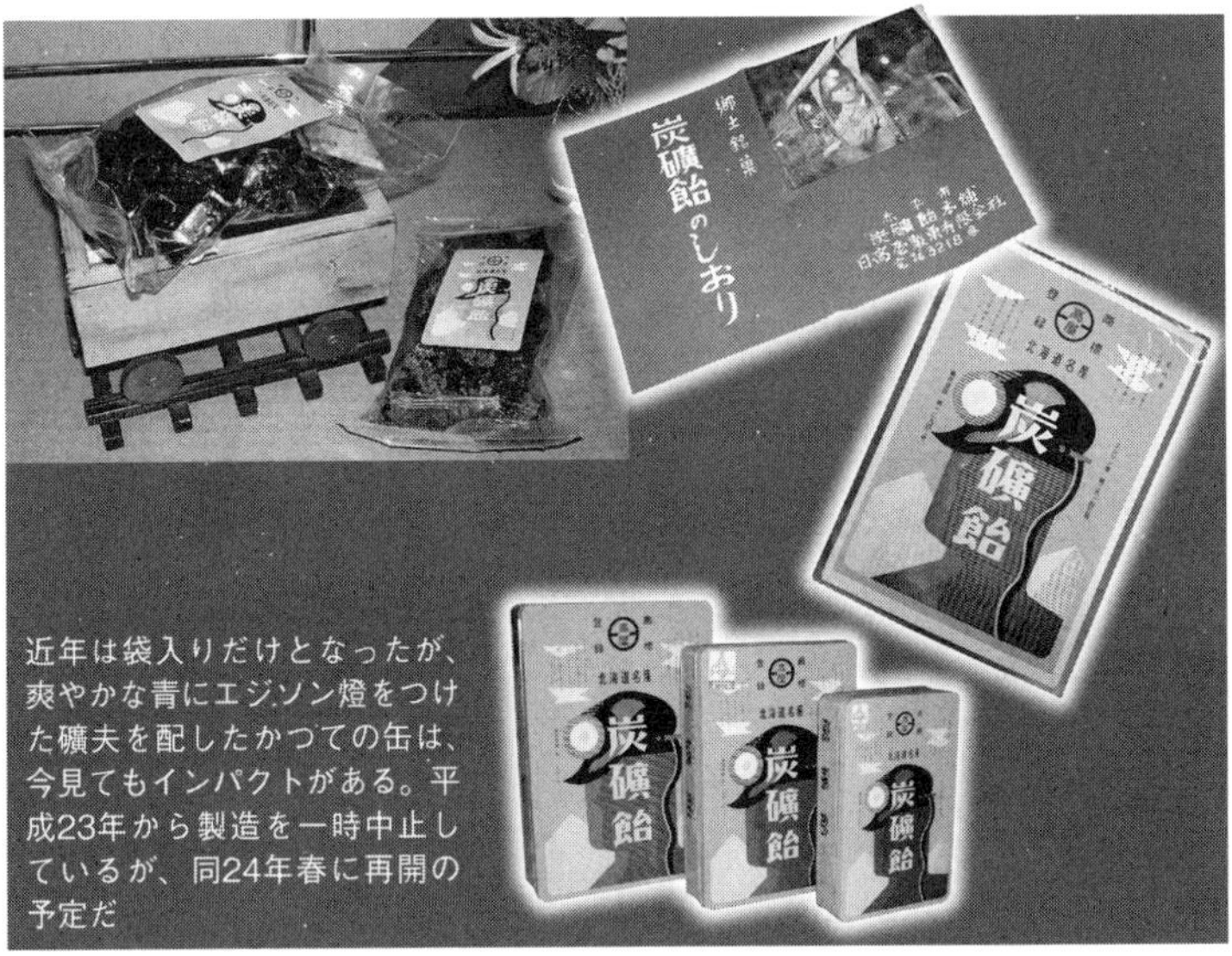

近年は袋入りだけとなったが、爽やかな青にエジソン燈をつけた礦夫を配したかつての缶は、今見てもインパクトがある。平成23年から製造を一時中止しているが、同24年春に再開の予定だ

昭和12（１９３７）年には昭和電工豊里炭鉱が開坑する。その翌年には、住友鉱業赤平炭鉱と北海道炭礦汽船赤間炭鉱が開かれ、多い時で10社前後を抱える、炭鉱の町となった。定雄の父は炭鉱マンだったが、炭鉱は危険だという理由で、長男の定雄は10代の時、手に職をつけるべく函館の菓子屋「柳屋」へ奉公に出た。そして昭和12年3月、現在地で始めたのが日高屋製菓だった。

最初はいも団子のようなものからスタートし、饅頭や焼き菓子を作って売っていた。炭礦飴は昭和13（１９３８）年に発売。その後も、夏場にアイスキャンデーを手掛けるなど、とにかく何を作っても売れる時代が続いたという。

インパクトある炭鉱マンのデザイン

炭礦飴を作るには、まず澱粉が必要だった。赤平近辺では入手が困難だったため、スヱさんは夫とその妹と3人で鹿追の農家まで買い出しに行ったことがある。ところが、戻ってきたところを駅にいた警察官に呼び止められた。

「荷物を見せろと言われ、澱粉を全部没収されてしまったの。家に帰ってがっかりしていたら、警察がきて全部返してくれました。あとで、地元のお菓子屋だとわかったからなんです」

そんな苦労をしながら、手に入れた澱粉を大鍋で煮た。同時に容器に水を張り、そこに浮かべた麦に霧吹きで水分を与えながら、芽を出させてもやしを作った。麦芽である。それを挽肉のように機械で挽いたものを、澱粉を煮た鍋に入れてやると、固まって飴になるわけだ。色づけには現在、食紅の紫を使っている。

炭礦飴は、袋入りと缶入りの2タイプがあった。缶入りは結婚式の引出物などによく使われたが、缶を作る1回の注文単位が最低3000は必要なため、今は扱っていない。だが、赤平市商工会議所の玄関を入ると、正面に大きなショーケースがあり、その中に赤平の地場産品が展示されている。そこで、塊炭飴の赤い缶と一緒に並ぶ、炭礦飴の青い缶を見ることができた。

炭礦飴の缶はまさしく「青の日高」という色合いで、地の青色がよく映える。そこには、炭鉱夫の姿が大きく描かれていた。鉱夫の頭には、坑内作業に欠かせないエジソン燈がつけられ、余白には炭坑節の歌詞が2番まで書かれている。

そのインパクトあるデザインは、ひと目見ただけで炭鉱ゆかりの土産菓子とわかる。現在販売されている袋入りタイプに貼られた商品名のシールも、缶と同じ意匠が使われているが、スペースの都合もあって炭坑節の歌詞は入っていない。日高屋には炭礦飴のほかに、「ぼたやま」という炭鉱にちなんだブッセもある。なお、炭礦飴は平成23年から諸事情により製造を休止しているが、同24年春の販売再開を目指しているそうだ。

店内に入ると、大きなガラス越しに作業場の風景が見える。社会学習で訪れる子どもたちが、見やすいように改修したという。そこには、70年余り地域とともに歩んできた菓子屋の姿があった。

昭和10年代●小樽市

美《み》園《その》アイスモナカ

●製造　㈲美園アイスクリーム本舗
●住所　小樽市稲穂2-12-15
●電話　（0134）22-9043
★小樽運河愛す最中　160円
★大正浪漫アイスモナカ　190円

スッキリして深みのあるアイス

かつて、小樽駅前の道をまっすぐ海に向かって下りて行くと、右手に間口の広い石壁瓦葺きの建物があった。軟石でくっきり隈取りされた窓と、趣のある日本酒の黒い看板が印象的な、明治末期の建物で山部商店といった。米蔵を増築した食料雑貨店として、長年小樽の人々の暮らしに溶け込み、駅前通の顔としても親しまれてきた。

そして、あまり広くない道幅が、その趣のある建物の存在感を際立たせていたように思う。小樽を訪れた帰り、筆者は必ずその山部商店に立ち寄った。「美園アイスクリーム」の「アイスモナカ」を買うためである。それは、小樽の町旅を締めくくるのにふさわしい、すっきりとしていながら深みのあるアイスクリームだったから。

美園アイスクリームの始まりは、大正8（1919）年にさかのぼる。函館からやってきた漆谷勝太郎が、北海道で先駆的にアイスクリームの製造、販売を始めたのである。そのさっぱりした清涼感は、ジェラートに近い。これは、日本のアイスクリームの大半がアメリカ仕込みだったのに対し、美園のそれは脂肪分の配合などがフランス式だったためだ。香料も違うので、他のアイスとは似て非なる独特の風味が生まれる。さらに、食べたあと口に残るネットリ感がなく、逆に口中をさっぱりと軽やかな感じにしてくれるのだ。

3代目の漆谷匡俊さん（昭和17〈1942〉年生まれ）は、「祖父が氷水屋をやっていた時のことです。どこからか旅の人がやってきて、こう言ったそうです。『氷が大量にあるねえ。じゃあ、おもしろいものを教えてあげよう』。その人は何日かして去っていったのですが、その時に教わったのが、このアイスクリームの作り方だったんです」とその由来を教えてくれた。旅の人が伝授した美園アイスクリーム――。〝美園アイス伝説〟と呼ぶにふさわしいエピソードだ。

世界初の和紙に5色刷りした包装

アイスモナカを作るようになったのは、昭和10年代という。当初は丸い形をしていたが、その後、とうきび型や長方形で真ん中から2つに割るものなど、さまざまなタイプを作ってきた。が、今は2種類だけ。銀色の袋に運河のイラストをあしらった「小樽運河愛す最中」と、白地の和紙にモダンな色彩感覚で大正美人が描かれた「大正浪漫アイスモナカ」である。

最中の皮は共通で、牛の顔が浮き出た八角形のものをそれぞれ使っている。また、小樽運河愛す最中と大正浪漫には最初、同じアイスクリームを使っていたが、のちに大正浪漫のアイスを別の製法に変更。卵を多く使うようにしたことで、昔の味により近いものになっている。

「小樽運河愛す最中」は平成2年に発売。それを百貨店の札幌西武（旧五番舘西武デパート、平成21年閉店）に持ち込んだところ、対応してくれた女性の係長に、「デパートには、アイスモナカのような子どもっぽいものは置きません」と言われた。それでも匡俊さんは諦めず、包装を大人向きにするため、まず袋の素材を水と氷に強い和紙にすることを思いつく。

だが、和紙の場合、従来の印刷方式では3色ま

Misono Ice Cream
blueberry
クリームソフト
一個 三千円
美園アイスクリーム各種
地方発送承っております。

秋から春にかけては、特製の鍋焼きうどんも出すアイスの店。ソフトやクレープもいいが、道内では稀少なアイスモナカ（左上）がうれしい。八角形の皮に包まれたモナカは2種類ある

でしか刷ることができなかった。それならば、と紙に使う繊維を変えるなどして印刷会社と試行錯誤を重ねた結果、なんと世界で初めて和紙の5色印刷に成功。こうして、今も使われている「大正浪漫アイスモナカ」の包装が生まれたのである。

ところで、筆者が贔屓にしていた山部商店の店舗は、その後取り壊され、この世から消えてしまった。30年以上も前に計画された、駅前通の拡幅工事が完遂された結果である。壊されたのは山部商店だけではない。曳き家で動かした1棟を除いて、駅前通から町の顔ともいえる歴史的建物が完全に消え去ってしまった。

平成20年に小樽が観光都市宣言をした時、まちの顔であるはずの駅前通は、観光から最もかけ離れた風景に変わっていた。ただっ広いだけで何の情緒もない、パチンコ屋が並ぶ通りに。

今、筆者が小樽の町旅の最後に立ち寄るのは、アイスクリームパーラー美園だ。そこでは、アイスモナカが今も変わらぬ味で待ってくれている。

変幻自在のバラエティ羊羹

形から素材まで、柔軟性豊かな羊羹が広げる豊かな枝葉

【羹《あつもの》】

鎌倉時代以降、中国から禅宗とともに点心の一つとして入ってきたのが羊羹だ。しかし、これはお菓子ではない。中国では羹（スープ）の一種で、羊肉などを汁に入れたものを羊羹といった。「すいとん」をイメージすればよいだろうか。

甘い羊羹が登場するのは江戸時代以降で、最初は蒸し羊羹だったが、日持ちに問題があった。そこで現在の羊羹、つまり煉羊羹は腐りにくい寒天を使っている。京都伏見の駿河屋・岡本善右衛門が天正17（1589）年に完成させたとか、寛政年間（1789〜1801）に江戸日本橋の職人・喜太郎が初めて売り出したなど、諸説ある。

ずらり顔をそろえた、道内各地の個性豊かな羊羹たち

羊羹はおもしろい。もともとは煉り上げて寝かせたものを、包丁で長方形の棹型に切りわけるのが伝統的な手法だった。そこから羊羹＝四角いものとして広まったが、実は変幻自在。当初は、包丁で切る「切り羊羹」だったが、やがて袋に流し込む「充填（詰め込み）式」が登場。

これなら、容器次第で自由な形にできる。かくして、丸缶や球形タイプが開発され、小豆餡を基本にさまざまな味つけや色づけのものも生まれ、その裾野は果てしなく広がってきた。

【丸缶羊羹】

棹型以外の羊羹として登場したのが、丸缶（円缶）である。北海道では昭和10年代半ばに、「五勝手屋本舗」が丸缶羊羹を発売している。最初は紙を丸く巻いたもので、やがて円筒形の容器に流し込むようになった。その食べ方は、指で底を押し上げ、出てきたところを糸などで切って食べるというもの。

当初、筆者は道内にある丸缶の羊羹は、五勝手屋羊羹（P８）と帯広千秋庵（現六花亭〈P１８７〉）の「白樺羊羹」だけだと思っていた。ところがその後、道内各地で見つけることになり、サイズも味もさまざまであることを知る。

「昆布羊羹」（森町・七福堂）、「よもぎ羊かん」（旭川市・旭川食品）、「かぼちゃようかん」（木古内町・末廣庵）、「ぴんね羊羹」（砂川市・伊予田製菓）、「十勝ワイン羊羹」（池田町・おかしの小池）、「元祖三石羊羹」（新ひだか町・八木菓子舗）、「厚沢部羊羹」（厚沢部町・くらや）などなど。手元にある中の一部だけで、こんなにあるのだ。

丸缶は棹型羊羹に較べ、サイ

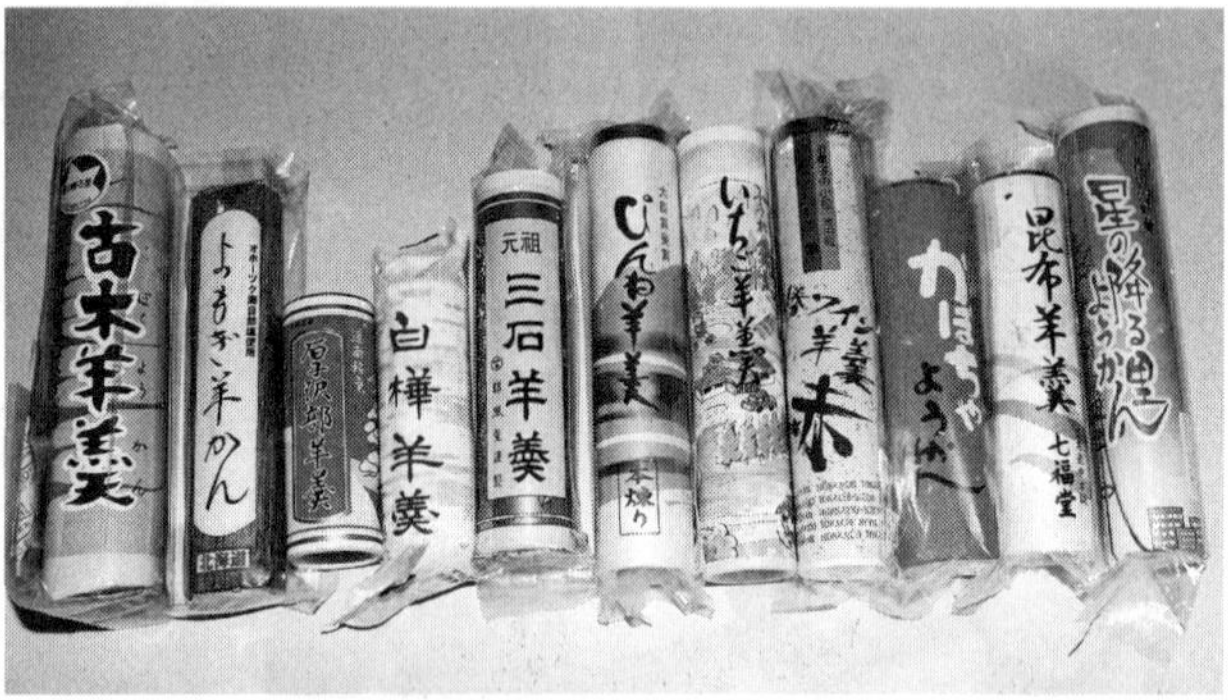

道内では五勝手屋本舗に始まる丸缶羊羹。サイズも価格も手頃とあって、今ではさまざまなど当地ものが登場している

ズも価格も手頃なため、可愛い土産品となる。そうした手軽さをきっかけに、これまで羊羹に縁のなかった層の掘り起こしにも一役買ってきた。

平成21年に函館港が開港150周年を迎えたことを記念して、五勝手屋本舗が作った丸缶羊羹

【まりも系羊羹】

羊羹の変幻自在さを象徴するのが、このまりも系羊羹。同じ丸でもこれは完全な球形で、ゴム風船の中に煉り羊羹を注入して作っている。ネーミングと姿形があまりにもぴったりなので、筆者はてっきり北海道で考案された製法と思っていた。

ところが球形の羊羹は、福島県二本松市にある和菓子屋「玉嶋屋」が、いち早く創製していた。玉嶋屋は弘化2（1845）年以前に創業した老舗だ。

二本松名物にもなった球形羊羹は、県知事と軍の依頼を受けて、昭和12（1937）年に「日の丸羊羹」の名で世に出た。表面が乾燥して固くならないよう、ゴムの袋の中に本煉羊羹を入れたものである。戦後になって、その形状と店の屋号から「玉羊羹」と名前を変えている。

現在、道内でまりも系羊羹を手がける主な製菓会社は、以下の3社だ。「まりもの湖羊羹」を作る「まりも製菓」（帯広市、昭和51年創業）、「まりもの古里羊かん」の「南製菓」（帯広市）、そして釧路市阿寒湖温泉にある「まりもようかん」の「北海まりも製菓」である。

中でも北海まりも製菓は、昭和28年から製造を手がける老舗。丸々と膨らむ表面に爪楊枝の先を突き刺すと、ゴムがつるりと剥けて爪楊枝の先に羊羹が残る――。これがまりも羊羹のイメージだが、筆者が子どもの頃はそんな食べ方はしなかった。

まず、羊羹を縛る口の部分を開けるのだ。次に膨らみを指で押すと、小さな口からにゅるにゅると細長い棒状の羊羹が出てくる。それをそのまま口の中に絞り出しながら、ゆっくりゆっくり味わったものだ。

まりも系羊羹の楽しみは、皮に爪楊枝を刺す瞬間かもしれない

実はこれが、本来の食べ方のようだ。ゴムに包まれているので、直接持っても汚れず、歩きながらでも食べられる。元祖の「日の丸羊羹」も、戦地の兵隊が食べやすいように考案されたものと聞けば、その形態が生まれた理由も納得できる。
しかし、今やこの食べ方は難しい。口の部分が糸やゴムで留められていた時代は、それを解けばよかった。ところが、機械化で留め金に変わると、人が何とかできる代物ではなくなってしまった。「にゅるにゅる」を体感したい人は、今もゴムで留めている玉嶋屋の玉羊羹で、挑戦してみてほしい。

【道内の老舗羊羹】

北海道にも、ロングセラーの羊羹がある。明和3（1766）年の創業以来、松前町で200年余り続いた「三浦屋羊羹」は、残念ながら平成14年の三浦屋の廃業とともに姿を消した。

しかし、明治期から続く五勝手屋羊羹は健在だし、大正期創業の羽幌町「梅月」が昭和初期から作る「金時羊羹」（P88）も不動の人気を誇る。歴史の古さと支持層の厚さで負けていないのは、新ひだか町「三石羊羹」と中標津町「標津羊羹」。両者に共通するのは、生まれた土地の名をそのまま冠している点だ。

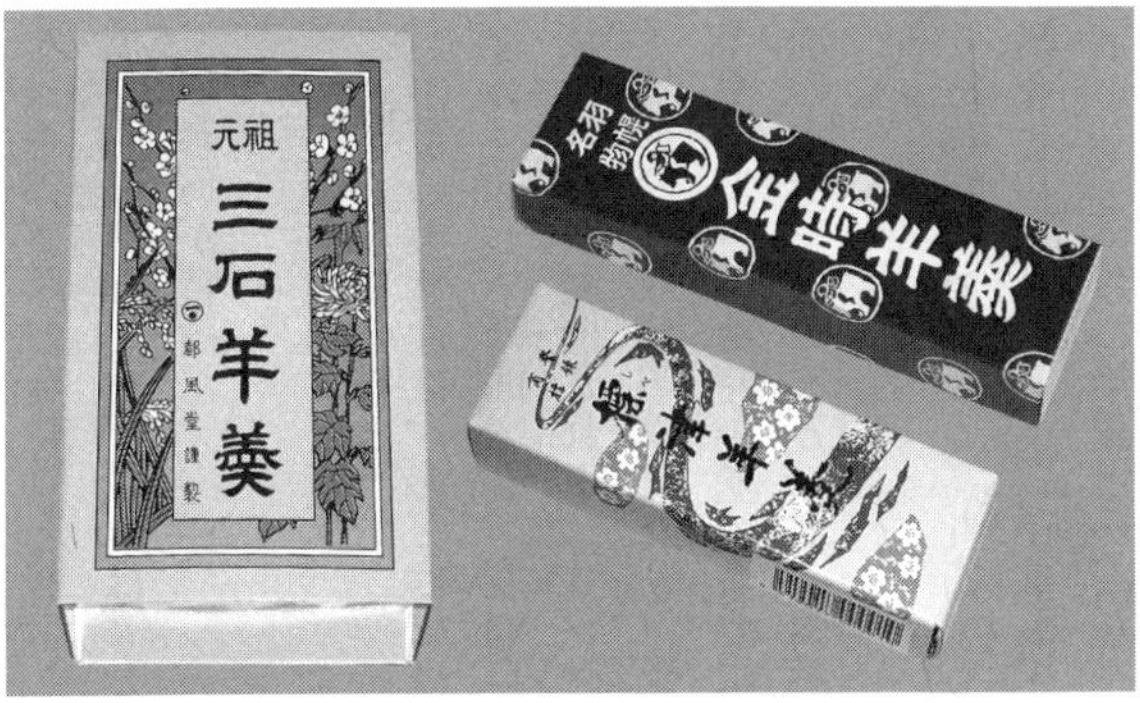

右上は金時羊羹、右下が標津羊羹、左が三石羊羹。いずれも老舗の品だ

三石羊羹は、明治43年創業の「八木菓子舗」が製造、販売する。近江出身の初代・八木民三が、宿屋の主人から茶菓子の依頼を受けたのが始まりだ。味を作り上げる際、甘さ控え目でさらりとした味わいの京都伏見の羊羹を手本にしたという。

確かに、さらりとしながら味わいもあり、２００ｇサイズならぺろりと平らげられる。味の決め手は餡で、原材料の十勝産小豆の扱いは下処理から気を遣う。ポイントは水に浸ける時間で、およそ一晩浸けたあと手でふやけ具合を確認するという。

4代目の一洋さんは、伝統を生かしながら平成17年に、季節限定の羊羹「さくら咲く」を考案。これは従来の白花豆の餡に、桜の花と葉を練り込んで桜色にしたものを重ねたものだ。この上層部分だけで作る「桜ほのか」も、季節限定で発売している。

一方の標津羊羹は、その名から標津町産と思われがちだが、実は隣接する中標津町の名物。なぜ「中標津羊羹」でないかというと、昭和21年に分村するまで中標津は標津村の一地区名だったからだ。羊羹の名称から、地域の変遷も見えてくる。

標津羊羹を生んだ「長谷川菓子舗」は昭和2年の創業で、創始者は長谷川藤作。次男の茂が跡を継ぎ、現在は子息で3代目の祐一さんが、できるだけ添加物を使わない菓子作りに取り組んでいる。

ただし羊羹だけは、同50年から藤作の4男・真さんが営む「標津羊羹本舗」が製造するようになった。道産の金時豆とビート糖を主原料とした、さっぱりした味わいが特徴だ。

【バラエティ羊羹】

羊羹の柔軟性は、形だけではない。味わいの面でも、変幻自在な特性が発揮される。サツマイモを使えば芋羊羹になり、栗羊羹や羽幌の金時羊羹のように別の素材を加えると、別の食感と味わいが生まれる。

それだけではない。丸缶でも紹介した「昆布羊羹」「よもぎ羊かん」「いちご羊羹」「かぼちゃようかん」「十勝ワイン羊羹」など、味はさまざま。さらに、「ゆり羊かん」（忠類村・島菓子舗）、「アスパラ羊羹」（更別村・お菓子のニシヤマ）、「美苫酒粕羊羹」（苫小牧・三星）、「ミニトマトようかん」（美幌町・オホーツク元気村）、「ふれっぷようかん」（深川市・ふれっぷ）、「ハスカップようかん」（苫小牧市・はすかっぷサービス）など、地場産の食材を使った羊羹も増えている。地場の素材と強く結びついた、バラエティに富む新味ある羊羹はまだまだ増えそうだ。

珍しい「いちご羊羹」は、中島菓子舗（名寄市）の閉店で幻に

そうした動きの芽は、なんと70年以上も前からあった。昭和12年、札幌の南1条西4丁目にあった本間定次の菓子屋では、早くもバナナ羊羹とチョコレート羊羹を作っていたのである。道内には「薄荷羊羹」（Ｐ１０６）のような先達もあり、今後も柔軟な発想から、思わぬ羊羹が生まれるかもしれない。

日本に煉羊羹が登場して２００年とも４００年ともいわれるが、その長い歩みを経て、羊羹はなおも北海道で枝葉を広げ続けている。

パッケージは時代の顔

鉄路に始まる北のお菓子

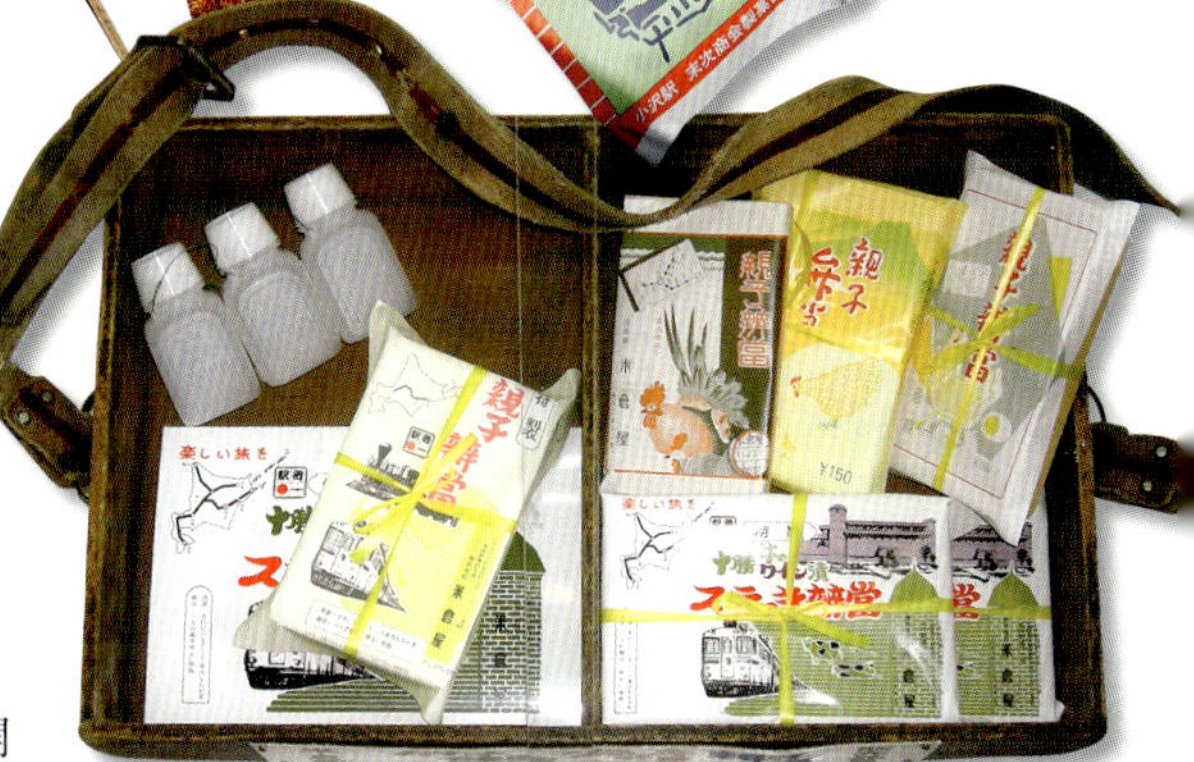

開拓の鉄路に乗って
野を越え　山越え
全道各地に広まった北のお菓子
駅のホームで売り子が立売する姿は
今では遠い昔の風景に——

パッケージは時代の顔

時代を浮き彫りにする掛け紙

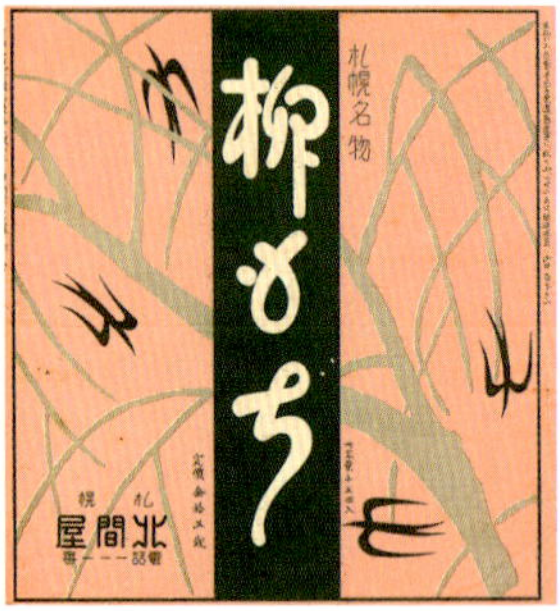

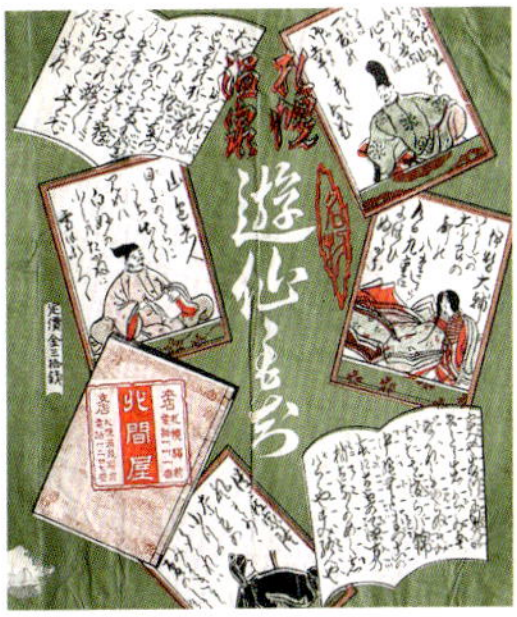

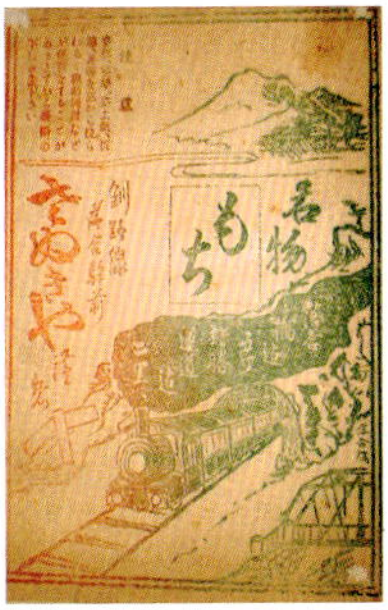

札幌駅で百年以上売られてきた〝駅生〟の「柳もち」。その掛け紙は時代によってさまざまな表情を見せます。それぞれの時代を浮き彫りにする掛け紙ワールドを、とくとご覧あれ。

パッケージは時代の顔

味わい増すデザインの妙

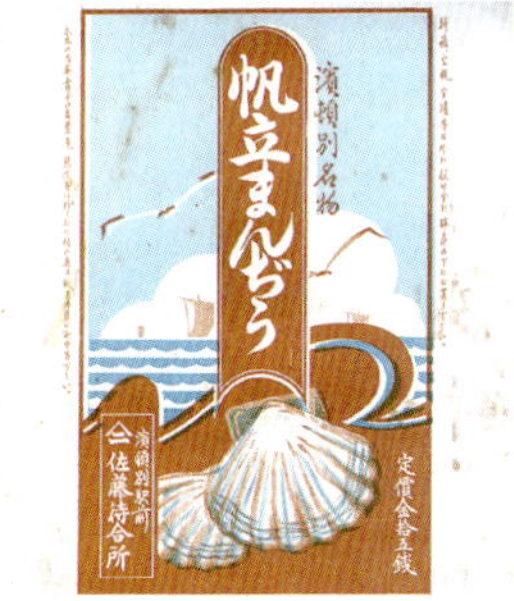

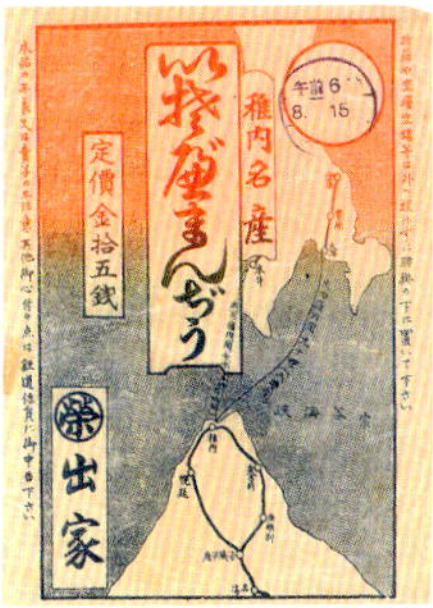

魅力的なパッケージのデザインは、お菓子の味わいをさらに増してくれます。昔の包装デザインに心惹かれるのは、そこに作り手の思いが溢れ出ているからかもしれません。

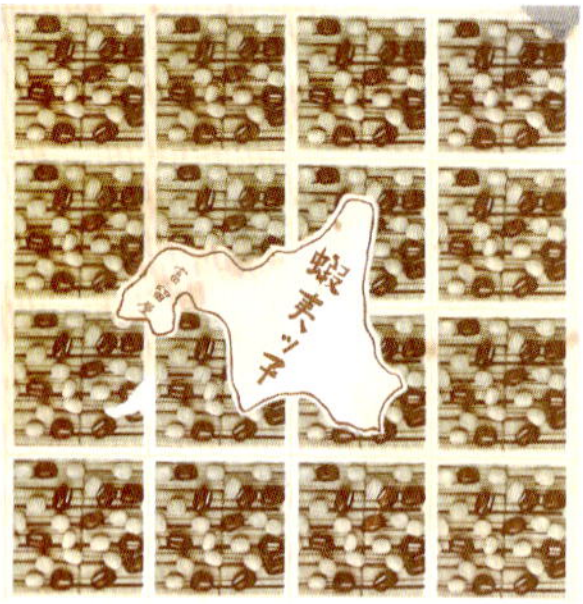

パッケージは時代の顔

お菓子を包む夢の舞台装置

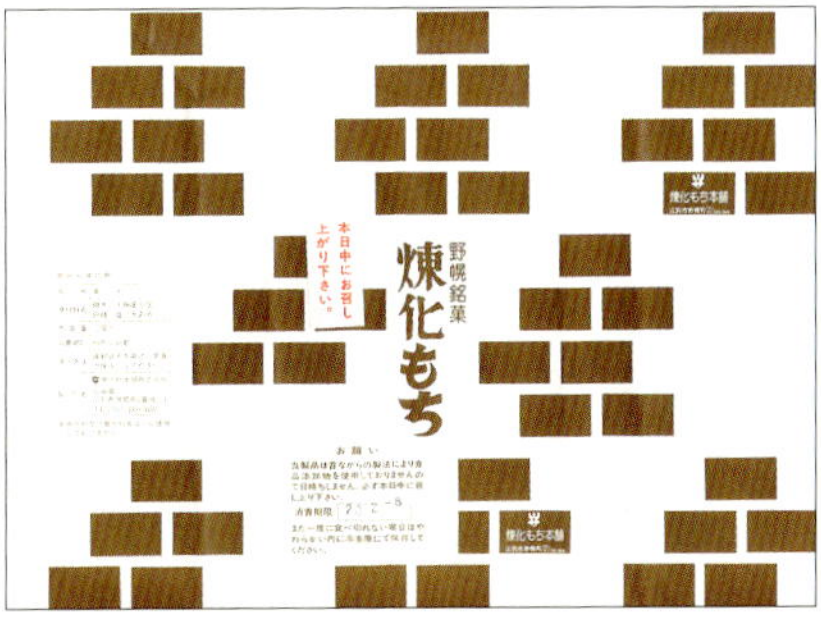

素敵な包装を開く時の歓びは、ステージの幕開けにも似て、何度味わっても飽きることがありません。パッケージは、お菓子の味わいを引き立てる、まさに〃夢の舞台装置〃なのです。

お菓子ワールド百花繚乱

街角のホーロー看板や宣伝ポスター、百貨店などに出入りするための鑑札、菓子の焼き型などなど、懐かしいものばかり。時代は移り変わっても、温もりのある接客は、今も昔も変わりません。

焼け跡から高度成長へ

Ⅳ．

昭和中期（戦後）のお菓子

confectionery graffiti in Hokkaido

おやきに饅頭、ビスケット――
庶民の味が乱れ咲き！

昭和24（1949）年●函館市

辨慶力餅《べんけいちからもち》

●製造　㈲弁慶力餅三晃堂
●住所　函館市松風町4－11
●電話　（0138）23－1522
★大福（赤・白・草・豆白・豆赤・豆草）
各130円
★フルーツ大福（イチゴ）　150円

戦後になって干菓子屋から餅屋に

店内に入ると、正面に並ぶ「大入」の朱文字に目が釘づけになった。最近ではほとんど見られなくなった祝額《いわいがく》だ。開店祝いに贈られるもので、昭和40年代の飲食店ではよく見かけたものである。

ここは、函館大門の電車通沿いにある「辨慶力餅三晃堂」。祝額は昭和40年頃に店を改修した際、贈られたものだという。創業は明治40（1907）年とすでに100年を超え、しかも何やら時代がかった屋号を持つため、てっきり創業時から餅屋だと思い込んでいた。というのも、歴史ある菓子屋は、餅屋から始めて次第に種類を増やし、菓子屋となる例が多いからだ。

ところが、この店が餅を手がけるようになったのは戦後になってからのこと。当初は落雁などの干菓子《ひがし》から始まり、店名も創業時はただの「三晃堂」。「辨慶力餅」は戦後に加えられたものだ。初代の野路雷三郎が、菓子の製造、販売を始めたのは明治28年のこと。場所は生地でもある滋賀県の長浜町（現長浜市）だった。しかし、日露戦争による不況のあおりで、同37年に店をたたみ東京へ。その後、北海道に渡り、根室や小樽などを経て同40年、函館の現在地に店を構えた。

独特の意匠で飾られた店舗と、店内に並ぶ存在感ある祝額（右下）を見ただけで、餅への期待が高まってしまう。人気の大福餅（左下）は函館特有の俵型。その形は2枚看板の名物・稲荷ずしを思わせる

とはいえ、当時の大門地区はまだ一面の葦野原。最初はさぞかし苦労したことだろう。屋号は明治28年以来、三晃堂を名乗るが、シルシは入三から二引《にびき》に変わっている。大正期に入ると、雷三郎は砂糖や麦類の卸売を始め、会員１４０名を擁する菓子商の集まり「大正組合」の会長も務めた。さらに、ビスケットで有名な帝国製菓の前身となるキャラメル会社を興し、「新案ビスケット」を考案するなど多方面で活躍。その後、２代目吉次郎を経て、３代目松太郎の時に転機が訪れる。

戦後間もなくはお菓子を作る状況になく、スルメや昆布を本州で売り、下海岸（戸井から恵山にかけての海岸）で獲れる小さなカニをから揚げして一匹ずつセロファンで包み、啄木蟹と名付けて販売。そして昭和24年、統制の解除と同時に「辨慶力餅」と名付けて餅を売るようになり、以後は餅菓子が中心となってゆく。

この店の存在を、函館に住む筆者の従姉妹《いとこ》に教えられた際は、稲荷ずしで有名な店と聞いていた。

その稲荷ずしを売りはじめたのは、昭和34年からのこと。東京を訪れた松太郎が、稲荷ずしだけで商売をする店を見つけたことがきっかけだった。その味を気に入った松太郎は、無添加の揚げを豆腐屋に作ってもらい、自家製のタレで味つけした独特な味わいの稲荷ずしを販売するようになる。

こうして、大門名物「餅菓子と稲荷ずしの辨慶力餅」の歩みが始まった。4代目・邦英さんの代になっても、基本的に伝統の味と製法が継承されている。その一方で、新しい試みとして、20年ほど前に「いかまんじゅう」を創案。こちらはもう作っていないが、「いか最中」は今も健在だ。

俵型をした大福餅にびっくり

さて、この店のインパクトは、ガラス戸越しに見える店頭の大福餅にある。大福と豆大福はそれぞれ、3色（白・赤・草）3種（こし餡・白餡・粒餡）あり、餡なしの豆餅も用意する。それらが店頭にびっしりと並べられた様は、実に壮観だ。

驚くのはその形。小樽や札幌の大福餅は、どこも丸く平たい円盤型が基本だ（札幌の「山内菓子店」で扱うほぼ球形のものなどもあるが）。ところが、辨慶力餅の餅菓子はどれも俵型なのである。その後、注意して見てみると、JR五稜郭駅に近い「東京堂」の大福も俵型だった。東京堂もすでに創業90年を超える老舗。その店主・鈴木茂喜さんによると、豆餅の形は栄餅と東京堂にも共通するという。どちらも100年前後の歴史を持つ店だけに、共通のルーツがあるのだろうか。

また、店の外観も個性的。店舗正面真上の壁面には、朱塗りの鳥居が掲げられている。これは、戦前から現在まで店主が代々お参りを続ける、日本三大稲荷の「豊川稲荷」を敬って掲げたもの。さらに、建物の横にまわされた朱塗りの柵は、三代目松太郎が大好きだった武蔵坊弁慶にちなみ、義経と闘った京都の五条大橋を模したものだという。そのいわれを知ると、餅と稲荷ずしを扱う店にふさわしい外観であることを実感できる。

昭和26（1951）年●旭川市

バナナ焼《ばななやき》

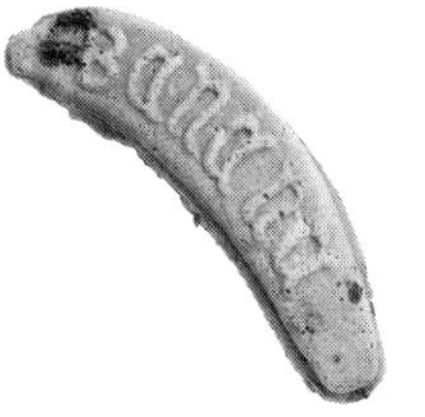

●製造　だるまや
●住所　旭川市2条通13-左2
●電話（0166）23-6151
★バナナ焼（1個）110円
★たい焼（1個）110円

カリッ、しっとり、とろとろ

かつてJR旭川駅前にあったアサヒビルの地下へ下りて行くと、「雪印牛乳」「味自慢たい焼」そして「元祖バナナ焼」と書かれた白い暖簾が下がっていた。暖簾を潜って店内に入ると、外の静けさとは一転して、人いきれでむんむんしている。おばちゃんが人の列を捌く向こう側では、2人の男性が休む間もなく焼き台に向かって作業をしていたことを思い出す。

バナナ焼はその名の通り、バナナ型のおやき。バナナそっくりに湾曲したそれは、長さが16㎝もあり、本物と較べてボリューム的にも遜色ない。BANANAの文字が浮き出た皮の表面はカリッと焼き上がり、サクッとした歯ざわりがなんとも心地よい。中身はしっとりとろとろの白餡で、このカリッ、しっとり、とろとろのバランスが見事だ。

「だるまや」を切り盛りする高田直子さん（昭和21〈1946〉年生まれ）に話をうかがうと、「牛乳と合いますよ」と教えてくれた。熱々のバナナ焼と冷たい牛乳の取り合わせは、餡とミルクの相性が抜群で、気持ちまで鎮めてくれそうな優しい味わいが楽しめる。

実はこのバナナ焼、バナナと名乗りながら果実や香料は一切使っていない。だから、味や香りはバナナと無関係。ところが不思議なもので、あとから思い出す記憶の中のバナナ焼は、なぜかバナナの風味を伴う。今も原稿を書きながら、本当はバナナの味と香りがしたのではないかと、自分のメモに疑念を抱いてしまうほどだ。

だるまやは昭和26（1951）年、パン屋で修業をした経験を持つ高田秀雄さんが始めた。アサヒビル地下に店を構えたのは開店の2年後で、当初は白餡のバナナ焼だけを作っていた。焼型は、東京で実演販売するのを見た秀雄さんが、その場で買い取り背負って帰ってきたという。

現在使っている型は、昭和30年代半ばに取り換えた3個ずつ焼けるタイプ。埼玉の大谷製作所に作ってもらっていたが、今は東京の飯田製作所に頼んでいる。型があればできるので、昭和26年頃には和寒にもバナナ焼の店があったという。

戦後、輸入量が減ったバナナは値段も高騰。当時は、病気になるか運動会の時でもなければ食べられない高級な果物だった。そうした庶民の憧れを形にしたのが、バナナ焼だったのである。

シンボルである巨大バナナの謎

平成19年にアサヒビルが取り壊されることになり、店の立ち退きで一旦閉店。同じ年に現在地へ移転し、テイクアウトのみになって再オープンした。アサヒビル時代は、冬の方が客は多かった。ビルの目の前にバス停があり、寒さを避け、待ち時間を過ごしがてら買いにくる人が、かなりいたのだ。移転後、そうした客は見込めなくなったが、旭山動物園の人気もあって、今ではむしろ夏の方がよいのではないかという。

仕事場では、息子の俊彦さんが黙々とバナナ焼を作り続けている。木箱の中に次々と焼き上がったおやきが置かれてゆく。その間もひっきりなしに客がきて、「バナナ10本」などと2ケタ単位で注文が入るのだ。それを目の当たりにすると、大繁盛しているように見えるが、同じ時間に予約の

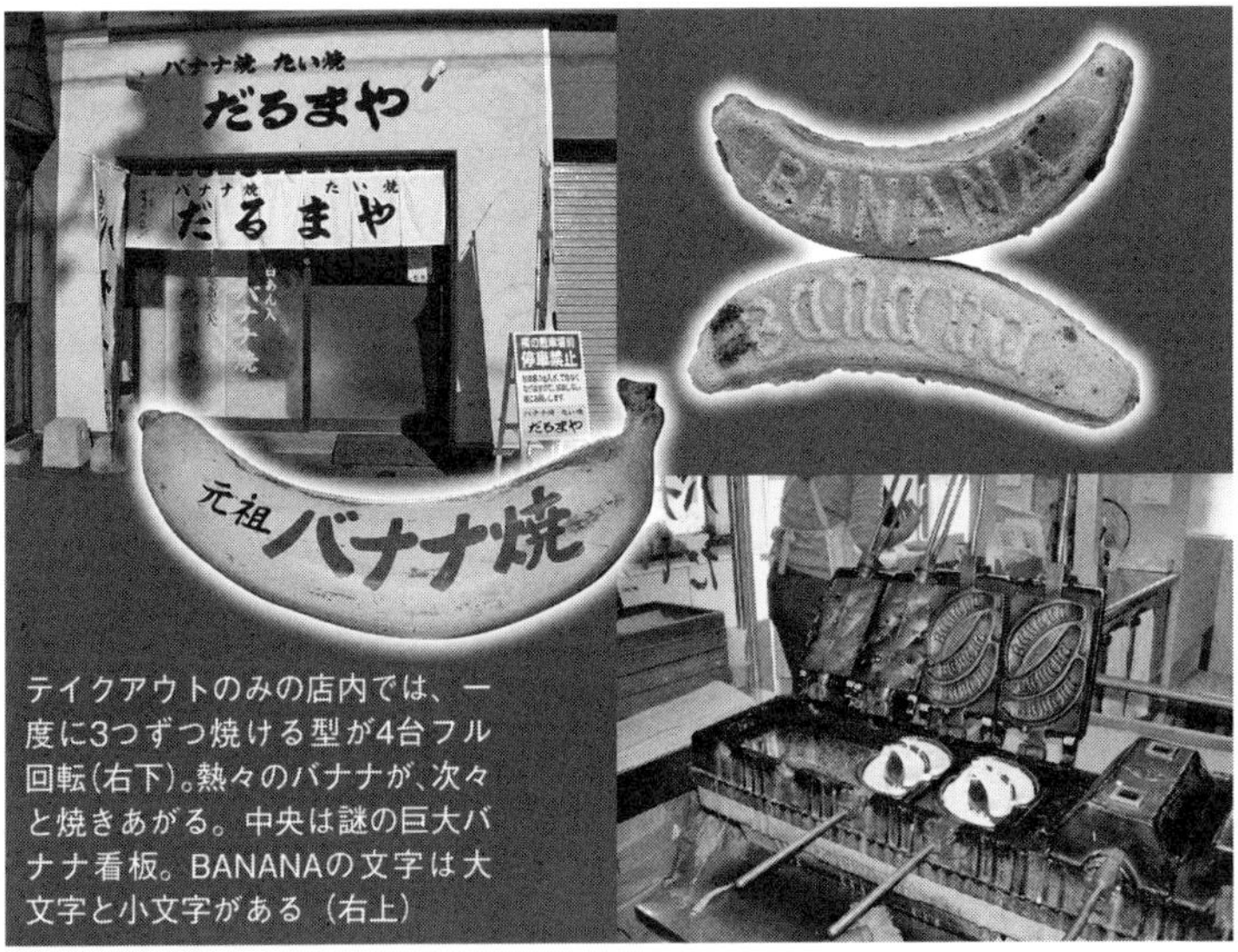

テイクアウトのみの店内では、一度に3つずつ焼ける型が4台フル回転（右下）。熱々のバナナが、次々と焼きあがる。中央は謎の巨大バナナ看板。BANANAの文字は大文字と小文字がある（右上）

注文がたくさん入っていると、「30分くらいかかりますけど……」となってしまう。

待つ人もいるが、「じゃあ、いいわ」と諦めて帰る人が少なくない。「みんな同じような時間にやってくるから、かなりの人が買わずに帰ってしまうんです」と直子さん。焼きたてを提供する商いの難しさである。予約をするのが賢明だ。

移転後もメニューは変わらず、白餡のバナナ焼と赤餡のたい焼きの2種類だけ。保存料は使わず、毎日作りたてのおいしさを提供している。時間がたってカリカリ感がなくなっても、フライパンで軽く焼けば、あのサクッとした歯ざわりがすぐに復活するのでお試しあれ。

店内には、アサヒビル時代から使う巨大なバナナがぶら下がっている。おじいちゃんがどこからか持ってきて、色を塗り直して飾ったという。道端に落ちているはずはないし、いったいどんな経緯でだるまやのシンボルになったのかは不明だが、こんな謎もバナナ焼の味わいを増してくれる。

昭和27（1952）年●札幌市

とうまん

●製造　㈱冨士屋
●住所　札幌市白石区菊水5－1－5－1
●電話　（011）815－1580
★1個　42円

〝遊ぶ丸井〟を象徴するとうまん

かつてデパートには、買い物客をうっとりさせる装置が山ほどあった。提供していたのは単なる物ではなく、人間が存在証明のように生み落とし、育んできた文化に根ざしたモノ語りであった。

札幌では昭和7（1932）年に三越札幌店が進出後、3つの百貨店が競合する時代が長く続いた。いつしか市民の間では、「見る三越」「遊ぶ丸井」「買う五番舘」と呼ばれるようになる。確かに、さん付けで親しまれる「丸井さん」は、食堂のソフトクリームやお子様ランチの旗、映画館、手品用品を実演しながら販売するコーナーなど、至る所に客をうっとりさせる仕掛けを用意していた。

その象徴とも言えるのが、「とうまん」ではないだろうか。現に、北海道日本ハムファイターズが日本一になった平成18年には「優勝おめでとうまん」を、パリーグ2連覇の同19年には「応援ありがとうまん」を丸井今井が無料で配り、名物として不動の存在感を示している（丸井今井店☎011・205・2195）。

銅板がくるっくるっと少しずつ、独特のリズムで回転する。その上に置かれた真鍮の金輪の中に粉を溶いた種を流し込み、そこに白餡を落として

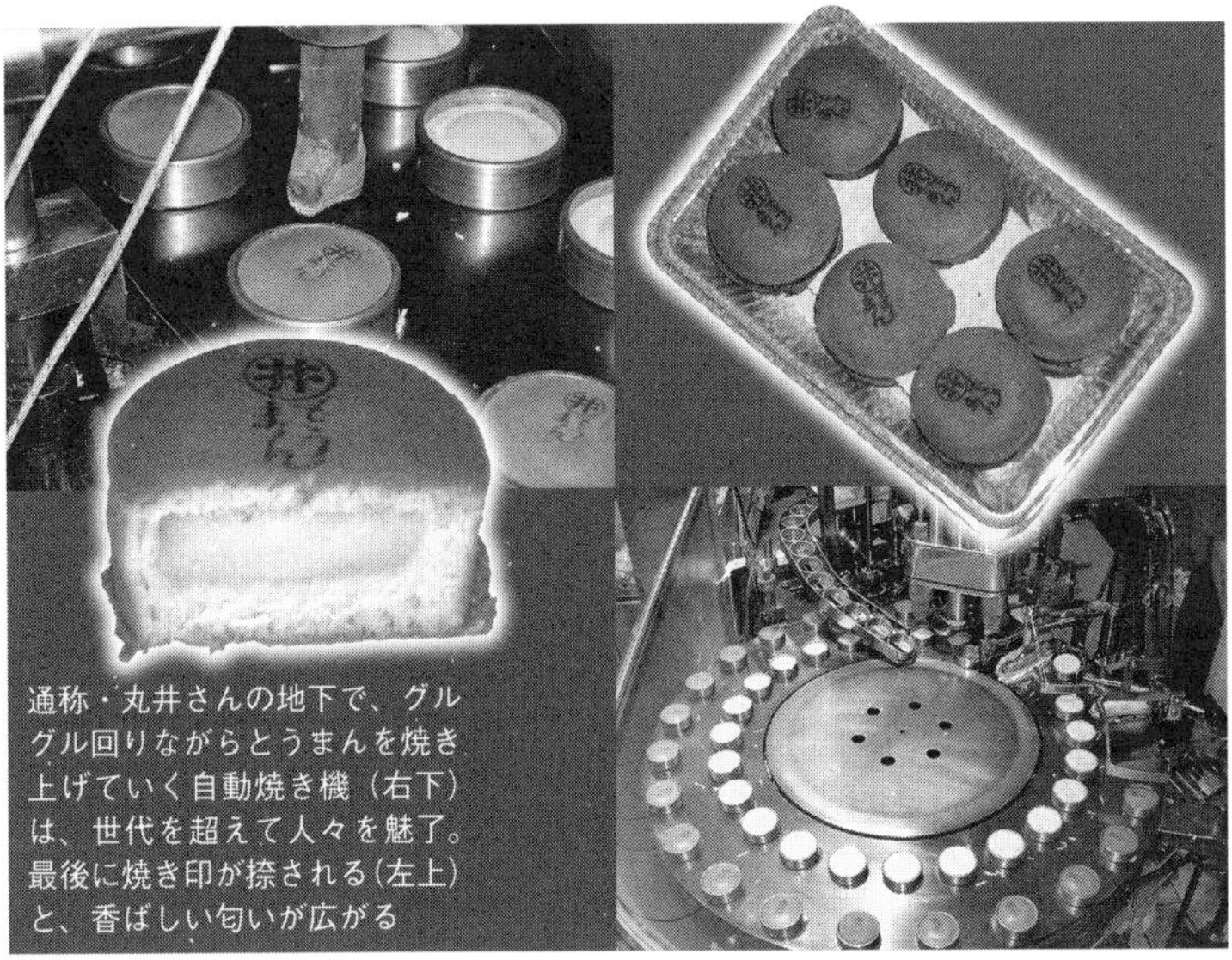

通称・丸井さんの地下で、グルグル回りながらとうまんを焼き上げていく自動焼き機（右下）は、世代を超えて人々を魅了。最後に焼き印が捺される（左上）と、香ばしい匂いが広がる

上からまた種を流しふたをする。筆者が子どものころ、特に惹きつけられたのは、表面がぶつぶつと泡だってきたのち、伸びてきた機械の手が金輪ごと一瞬にしてひっくり返す瞬間ワザだった。

そのすぐあとに、クライマックスシーンがやってくる。キツネ色に焼けた表面に焼き印が下りてきて、「(井)」のシルシと「とうまん」の文字がくっきりと焼きつけられるのだ。こうした一連の作業をへて完成したとうまんが、回転板から次々と送り出され、筆者の目はまたスタートラインに戻ってしまう。もう、目を離すひまはない。

とうまんの歴史は、昭和27年に遡る。中央創成小学校（のちに創成小→資生館小）のＰＴＡだった増本庄太郎（お茶屋）と前田重義（海産物商）は、活動資金の調達方法を模索していた。そんな時、神戸の大丸デパートでとうまんと同じタイプのお菓子の実演販売を見たことから、これで資金を稼ぐことを思いつく。当時の校舎（現在の札幌市役所の位置）のそばにあった丸井さんで始めてみると、これが大当たり。会社（冨士屋）を立ち上げるまでになる。当初は、現在のような全自動ではなかった。盤が回転して餡が落ちるまでは自動だったが、金輪をリング挟みでひっくり返し、焼き印を捺すのは手作業だった。全自動になったのは、昭和33年からのこと。

とうまん命名の由来に真打登場

半世紀を超える歳月を経ても、その形はまったく変わっていないとうまん。白餡の材料には手亡《てぼう》豆（白隠元豆）を使うが、十勝のものは粘りがあるため機械からうまく出てこない。そこで、国産と外国産を混ぜた餡を業者に作ってもらい、冨士屋で砂糖を加えて直火で炊き上げている。

このお菓子は、機械を入手すれば誰でも作れる。これまで筆者も、とうまんと同じ形のお菓子を、道外でいろいろ見てきた。秋田の「金萬」、東京上野の「都まんじゅう」、京都新京極の「ロンドン焼き」、横須賀の「さいか屋まんじゅう」、鹿児島の「金生饅頭」などなど、それぞれの地でご当地名物になっているものが多い。とはいえ、形態は同じでも名称や味わいはそれぞれ違う。

では、なぜ札幌では「とうまん」という、他に類のない呼び方をするようになったのだろうか。丸井今井百貨店の創始者である今井藤七の「とう」から取ったという説もよく見かける。が、実際は金属の輪を使って作られる饅頭のもともとの総称、「唐饅頭」をそのまま使ったというあたりが、実の所かもしれない。実際、製造元である城野鉄工所のパンフレットには、名称を「キノ式新自動唐饅頭焼機械」と書かれている。

全国で仲間たちが活躍を続ける自動唐饅頭焼。この普遍性は、すでに日本の食文化の一角を担っているともいえる。そうした普遍性の一方で、地域色や店のカラーを反映しながら、それぞれの地に根づくローカル性も持ち合わせる点に、このお菓子のユニークさがある。とうまんは、まぎれもない札幌の銘菓なのだ。

昭和27（1952）年●小樽市

バンビミルクキャラメル

●製造　㈱北海道村
●住所　小樽市銭函3－517－5
●電話　（0134）62－4002
★バンビミルクキャラメル〈復刻版〉
★バンビチョコレートキャラメル
★バンビいちごミルクキャラメル
各1箱（18粒入り）　126円

ディズニーから商標権を獲得

ディズニーアニメのキャラクターで知られる愛らしいバンビの姿は、今も広く親しまれている。そのバンビのパッケージでおなじみの「バンビミルクキャラメル」は、昭和27（1952）年6月、小樽の池田製菓から世に送り出された。

創業者の池田泰夫は、新潟県柏崎生まれ。大正3（1914）年に地元の商業学校を出た泰夫は、ひと旗上げるべく小樽にやってくる。そこで10年ほど雑穀問屋で働いたあと、バナナの問屋を始めた大正11年を創業年とすることになる。

昭和8年に伊勢神宮に参拝する途中、泰夫は特急つばめの車内食堂でビールのつまみに出されたバターピーナツを見て閃く。すぐさま、手持ちの落花生を加工してバターピーナツやマコロンを製造。これを出回りはじめたばかりのセロファンに包み、1袋を5銭と10銭で販売した。これが大いに売れて、会社の基盤は固められた。

池田製菓といえば、「うぐいす豆」「えびす豆」などの豆菓子が思い浮かぶ。が、そうした商品を作りはじめるのは、昭和30年代に入ってからのこと。ほかにも、チョコレートや焼き菓子、バター飴・チーズ飴などの飴類、オレンジなどの粉末ジュース、さらにはコーヒー、紅茶、ココアまで、幅広い商品を手がける総合食品メーカーだった。

だが、なんといっても看板商品は、バンビミルクキャラメルである。その誕生の経緯をたどってみると、まずディズニーの長編映画「バンビ」が日本で公開されたのが、昭和26年のことだった。泰夫はバンビをイメージキャラクターに使うことで、当時は道内だけで11社もあったキャラメルメーカーの中で差別化を図ろうと考え、商標権の獲得に向けて動き出した。

そして当時、映画会社大映の社長で、ディズニー日本の代表も務めていた永田雅一に働きかける。その結果、ＧＨＱ（連合国軍総司令部）を通じて、米ウォルト・ディズニー社から「バンビ」の使用許可を得ることに成功したのだ。今考えても、これは凄いことである。

バンビのキャラクターは健在

発売するやバンビのキャラメルは、札幌圏だけでも相当数の注文が入る大ヒット商品となった。そこで、バンビの絵が描かれた大型トラックを特注し、女優を乗せて東京都内を走り回る派手な宣伝を展開して、東京への本格進出を狙う。

ところが昭和27年6月、東京で初めて発売した商品１５００万箱が、気候の違いもあって角砂糖状になってしまい、返品されてきた。会社の命運を左右しかねない危機だったが、技術者の佐々木勝也が起死回生の策を発案する。返品されたものにチョコレートを混ぜ、新商品を開発したのだ。これが、ミルクキャラメルと並ぶヒット作「バンビチョコレートキャラメル」だった。

バンビキャラメルはその後、池田製菓の主力に成長した豆菓子への事業集中などを理由に、何度も消えては復活してきた。3度目の復刻版は、池田製菓の80周年を記念して平成14年11月15日に発売。これが、1年間で１００万個を超える大ヒットとなった。池田製菓ではこのほかにも、さまざまなキャラメルを手がけてきた。同14年の年商

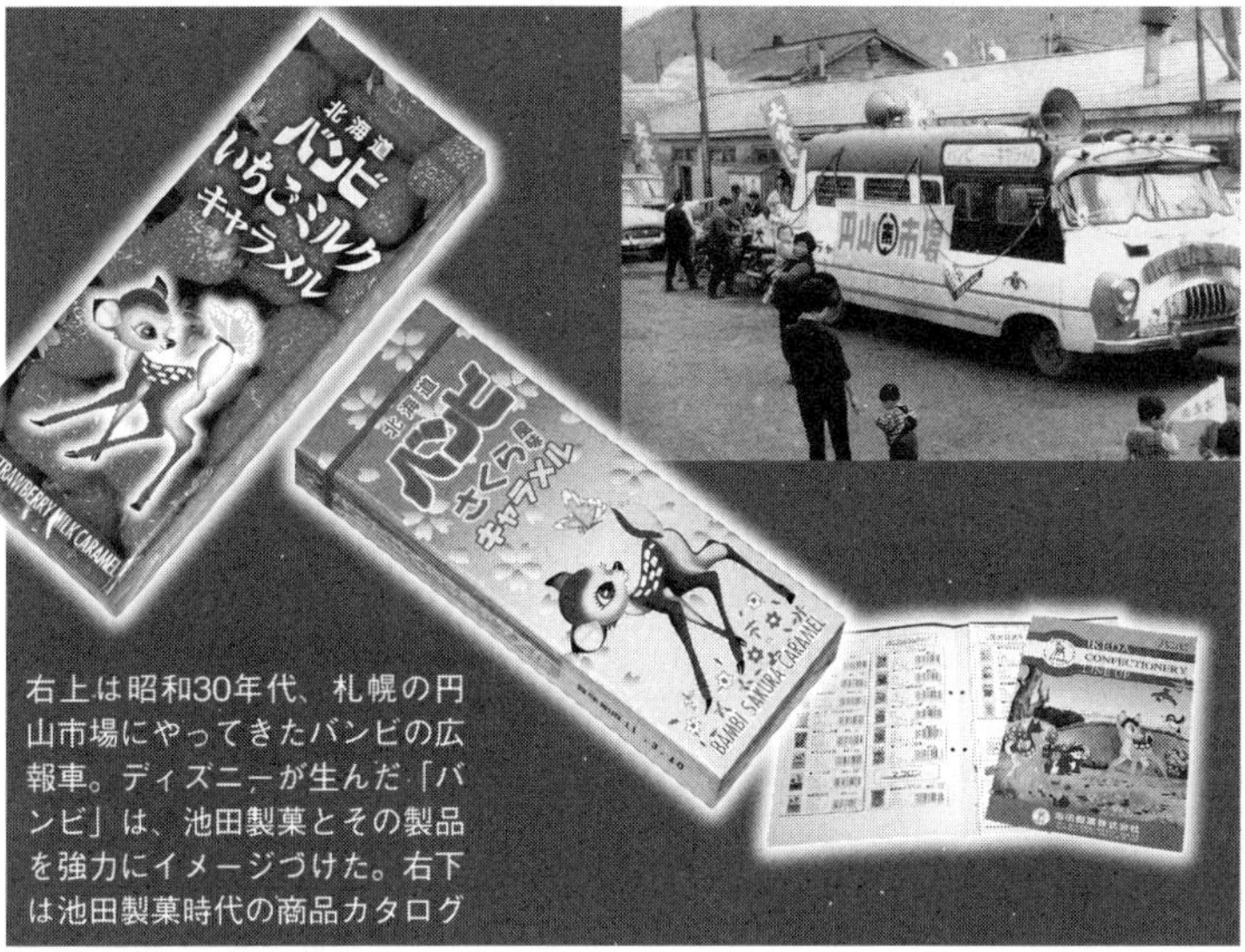

右上は昭和30年代、札幌の円山市場にやってきたバンビの広報車。ディズニーが生んだ「バンビ」は、池田製菓とその製品を強力にイメージづけた。右下は池田製菓時代の商品カタログ

10億円のうち、実に6億円がキャラメルの売り上げだった。その多くが、「夕張メロンキャラメル」「宇治抹茶キャラメル」「宮崎カボスキャラメル」のようなご当地もので、70種類以上あったという。

初代の池田泰夫、2代目叡治、3代目道彦と続いた池田製菓が、80年余りの歴史に幕を下ろしたのは、平成18年11月30日のことだった。注目されたのは、長年にわたり支持されてきたバンビキャラメルの今後である。かつて札幌から小樽へ車で向かう際、池田製菓の工場に立つバンビの広告塔を見て、小樽に来たことを実感したものだ。だからバンビキャラメルの消失は、筆者にとって小樽の顔が消えることを意味していた。

だが最終的には、観光土産品卸業の「北海道エスケープロダクツ」子会社で、小樽市銭函にある「北海道村」が事業を継承。以後、北海道村はキャラメル関連商品だけでなく、「バンビ」のブランドとキャラクターを活用した新商品を次々と送り出している。

昭和28（1953）年●札幌市

雪太郎《ゆきたろう》

粉雪に包まれたような美しさ

札幌には毎年、雪の季節になると姿を現すお菓子がある。その名も「雪太郎」。かつては通年味わうことができたが、今は札幌のまちに初雪が舞いはじめる11月頃から作り出し、根雪が消える3月頃に販売を終える。まさに、雪とともに現れ、雪とともに消えてゆくお菓子なのだ。

知る人ぞ知る銘菓と思っていたが、最近ではその「知る人」さえかなり少なくなっているようで驚いた。昔に較べてお菓子の種類はべらぼうに増えたのに、雪太郎に会えるチャンスは1年のうちの3分の1にまで減ってしまった。しかも、主な販売店舗は札幌市内に2カ所あるのみ。

だが、知らない人が増えたということは、筆者にとっては楽しめる機会が増えたということでもある。なぜかというと、わが家でそうだったのだが、初めて雪太郎を見て、手にした娘は、開口一番、「なにー?・これー!?」。

その愛らしい姿と抜けるような白さ、指でつまんだ時の吸い込まれるような、得も言われぬ不思議な弾力性。とにもかくにも、思わず感嘆の声が口から出てしまう「ナニ!?コレ!?」が、雪太郎にはある。その反応がうれしくて、つい箱で買って

●製造　㈱三八
●住所　札幌市中央区南1西12－322
●電話　（011）271－1138
★雪太郎（1個）　90円
★雪太郎（9個）　950円
★札幌タイムズスクエア（1個）　142円

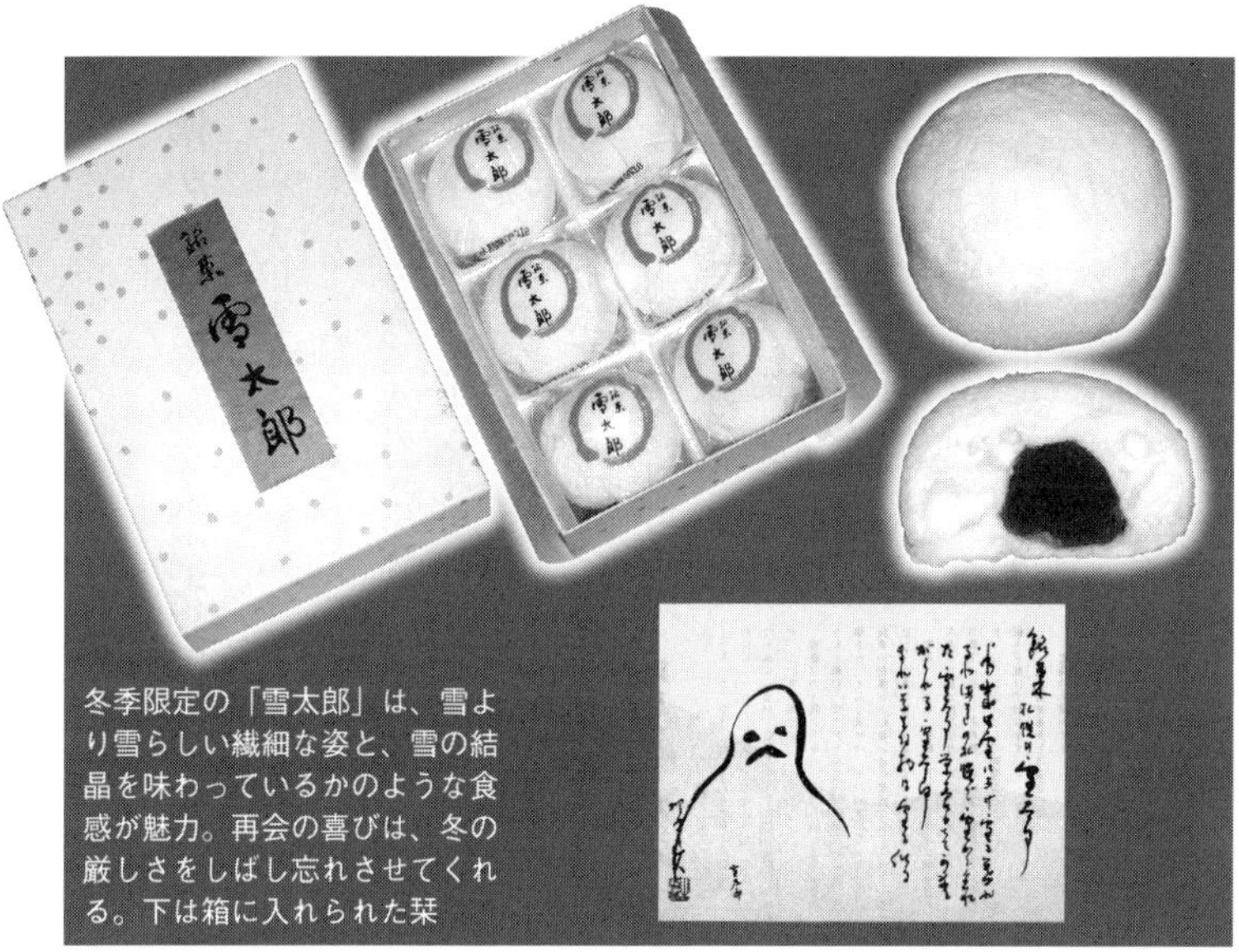

冬季限定の「雪太郎」は、雪より雪らしい繊細な姿と、雪の結晶を味わっているかのような食感が魅力。再会の喜びは、冬の厳しさをしばし忘れさせてくれる。下は箱に入れられた栞

は会う人に手渡し、楽しませてもらっている。

どんなお菓子かといえば、一種のマシュマロである。ただ、袋売りの駄菓子風マシュマロの場合、表面がつるんとして存在感もいま一つないのだが、雪太郎はまったく違う。その表面は、まるで本物の粉雪が舞い降りたかのように、極小の砂糖の結晶で覆われているのだ。じっと見ていると、新雪が降り積もった幻想的な雪景色が眼前に浮かんでくる。それほどに、美しい。

そっと噛んでみると、まるで雪の結晶がはじけるかのような音がして、耳も楽しませながら、淡雪が融けるように小さくなって消えてゆく。マシュマロの中には小豆餡が包まれていて、この相性もなかなかのもの。昭和28（1953）年に生まれてから半世紀余り、改良されながら雪国を象徴する銘菓として、札幌のまちで生き続けてきた雪太郎。歌人の吉井勇は、札幌へきた時に出合ったこのお菓子を句題に、歌を詠んでいる。

「北海の名菓何ぞと　わが問えば　雪太郎ぞと君

のこたうる」

懐かしんでくれる人のために

この雪太郎を生んだ「三八」の歩みについては、「バターせんべい」の項（p65）でも触れているが、創業者である弥三八の長男弥三治が社長を継いだ翌年、2代目の最初の大きな成果として世に出されたのが雪太郎だった。

三八の原点は和生菓子で、目指したのはススキノの花柳界に通用する上生菓子である。その目標は、当時の一流料亭「割烹いく代」であり、そこで使ってもらえる菓子作りだった。明治29（1896）年創業のいく代は、東北以北最大と謳われた料亭で、明治、大正、昭和の3つの時代にわたって栄えた老舗である。高い目標を掲げ研鑽を重ねた結果生まれたのが、雪太郎でもあった。

雪といえば北海道、そして太郎は日本で古くから使われてきた子どもの名前。従って雪太郎は、「北海道で生まれた子ども」という意味になる。まさに、北海道の大地から生まれたお菓子と呼ぶにふさわしいネーミング、意匠、風味といえる。

会長の小林孝三さんは、「暑さに弱い菓子なので、今は夏場に作らず、雪の時期だけ味わえる季節限定の商品にしています。たくさんは売れなくても、懐かしく思ってくれる人のために提供し続けようと思っています」と語る。

新しいもの好きが多いといわれる札幌で、三八は新たに「菓か舎」という新ブランドを立ち上げた。平成2年のスタートと同時に発売した「札幌タイムズスクエア」は大ヒット作となっている。「菓子屋ほど、ブランドと商品名が結びついた業種はないかもしれません。今は、菓か舎のタイムズスクエアがあるからこそ、三八の雪太郎や生菓子も続けていられるのだと思います」と小林さん。

札幌のまちに雪とともに現れ、雪とともに消える、雪よりも雪らしい姿の雪太郎。このお菓子にまだめぐり逢ったことのない人は、雪の季節をお楽しみに。

昭和28（1953）年●苫小牧市

よいとまけ

●製造　㈱三星
●住所　苫小牧市字糸井141
●電話　（0144）74－5225
★1本　550円
★2本入り　1150円
★5本入り　2875円

ジャムで覆われたロールカステラ

「よいとまけ」を食べる時は、ちょっとした準備が必要になる。ロールカステラの内側はおろか外側にまで、ハスカップジャムがたっぷり塗られているからだ。オブラートでくるんではいるが、カステラは非常に切りづらかった。発売直後から、食べにくいという声が殺到したそうだが、それでも半世紀以上にわたり親しまれてきたのは、そのマイナス要素を凌ぐ魅力があるからだろう。

三星は明治31（1898）年、秋田出身の小林慶義（安政6〈1859〉年生まれ）が小樽の稲穂に、「小林三星堂」という菓子屋を開いたことに始まる。多くの人を使うほど繁盛したため、秋田から弟の末松が呼び寄せられ、若竹町でパン屋を開くことになった。その末松の次男が、小説『蟹工船』で知られる作家の小林多喜二である。

慶義は、小樽で宣教師のジョージ・ピアソンからパン作りを学んだことがある。明治21年に来日したピアソンは、小樽、札幌、函館など道内各地で伝道を続けた人物で、北見には記念館もある。また店名も、親しかったキリスト教会の人が「信仰・希望・愛」の3つを星に託して名づけてくれたもので、キリスト教とは縁が深い。

苫小牧には明治45年に出店。これは、明治43年に王子製紙苫小牧工場が操業を始めたためで、苫小牧の将来の発展を予見しての行動である。小樽には慶義の長男幸蔵が残り、次男である俊二が苫小牧駅前に「小林三星堂」を出した。よいとまけが誕生したのは、3代目で三星の初代社長となった小林正俊の時代である。

「苫小牧の郷土にちなんだお菓子を作りたい」と考えた正俊は、当時、王子製紙苫小牧工場の貯木場から聞こえた、丸太積みをする際に労働者が発する「よいとまけ」の掛け声にヒントを得る（後年、美輪明宏が歌ってヒットした「ヨイトマケの唄」はこれに由来）。ロール状の長いカステラと中の渦を丸太と年輪に見立て、そこに苫小牧の市花であるハスカップを使ったジャムを塗った新作を創案。昭和28（1953）年に発売した。

半世紀近く続いた手書き広告

ジャム原材料のハスカップは、スイカズラ科の落葉低木で、アイヌ語のハシカプに由来。意味は「枝の上にたくさんなるもの」。和名をクロミノウグイスカグラという。この果実はビタミンCや鉄分、カルシウムのほか、眼の老化や疲れ目によいとされるアントシアニンを豊富に含む。貧血や冷え性などにも薬効があり、アイヌの人たちは不老長寿に繋がると珍重していたものだ。

そのハスカップは最初、自生のものを社員が原野で採取したり、市民から買い取ったりしていた。三星では、当時まだ馴染みの薄かったハスカップの存在を知らしめようと努力したが、苫東開発による原野の減少で自生ハスカップの採取量が激減。現在、年間およそ25tを使うハスカップは、美唄を始め道内各地から仕入れている。

製造工程は、まず小麦や卵、砂糖などをミキサーにかけ、それを機械で板状に延ばして焼き上げる。焼けたカステラを切って、内側にハスカップジャムを刷毛で塗り、1枚ずつ紙で巻いて形を整えていく。ロール状になったら、紙を取って外側にハ

1本そのままから、食べやすいカットタイプに変わったが、丸太を象った無骨な風貌はそのまま。カットしない商品が限定で復活することもある。右上は工場を併設する苫小牧本店

スカップジャムをシャワーのように振りかけ、さらに表面に砂糖をまぶしてからオブラートで巻く。最後に、セロファンでくるんで箱に入れたものを出荷している。

三星の広告は、折り込みチラシに始まり新聞広告に至るまで、ずっと手書きだった。その人間味のある広告は、福原周一専務と白石幸男社長室長が、2代にわたり半世紀近く書き続けたという。現在、手書きによる広告は行っていないが、平成5年には『手書きの新聞広告』として一冊にまとめられ、貴重な資料となっている。

また平成19年、5代目社長として初めて創業家以外から三浦実さんが就任。同21年11月には、それまで1本まんまだったものを7等分にしたカットタイプが発売されている。

表面にハスカップジャムが塗り込められた、特異な風貌のよいとまけ。その下には、原野の光景にも似た、素朴でワイルドな味わいが変わらず息づいている。

昭和29（1954）年●岩見沢市

天《てん》狗《ぐ》まんじゅう

●製造　天狗まんじゅう本舗
●住所　岩見沢市1西6－7－1
●電話　（0126）23－4605
★天狗まんじゅう（1個）90円
★草まんじゅう（1個）90円
★肉まんじゅう（1個）90円

主役級の餡まんじゅうが食べたい

蒸かしたての饅頭が大好きな筆者が、ずっと思っていることがある。どうして北海道には、ちょうどよい大きさの、蒸かしたての餡入り饅頭が少ないのだろう。たいていは大きな中華饅頭で、しかも主役は肉まん。その場合の餡入りは、どうしても添えものの助演クラスの扱いが多い。

主役級の餡饅頭が食べたい。それも、山椒は小粒とまではいかずとも、もう少し食べたいなと思う腹五分目ほどの大きさがいい。その想いに応えてくれたのが、今はなき釧路の丸三鶴屋デパート（のちに丸井今井釧路店→平成18年閉店）そばの小路にあった「北浜まんぢゅう店」だ。

望み通りの大きさで、白と黒糖の2種類があった。蒸かしたてを買うと、いつもアツアツで食べ切ってしまったものだが、今はもうない。でも、筆者がお気に入りの、もう一つの名物饅頭は健在だ。JR岩見沢駅そばにある「天狗まんじゅう」がそれ。こちらは、北浜まんぢゅう店より少し早い昭和29（1954）年に開店している。

月形の農家の三男坊だった齋藤保さんは、一旦会社勤めをしたが、自分で作ったものを売る商売がしたく退職。その頃、岩見沢駅前に「天狗屋」

ほっかほかを味わえる白・赤・茶3色の天狗まんじゅう（右下）は、岩見沢市民だけでなく旅行者の心と体も温めてきた。左上は駅から少し離れた5条店の外観、中央は駅前店に飾られる天狗の面

という菓子屋があり、饅頭を作っていた。保さんはそこに入り、饅頭の作り方を一から身につける。そして2軒隣で独立し、妻の節子さんと饅頭屋を始めたのである。「天狗まんじゅう」の名は、その修業した店からいただいたものだ。

天狗のお面が見守る店舗は町の顔

岩見沢は、北海道における鉄道交通の要衝。とりわけ、幌内（現三笠）や夕張などの産炭地と結ばれていたこともあり、そうした炭鉱のまちから遊びにくる人たちの支持を受け、饅頭はよく売れた。その頃は駅を利用する学生をあて込んでラーメンも出し、夜中まで営業していたという。

饅頭は最初、白だけだった。こし餡で今より少し大きかったという。次いで、紅色の饅頭が加わる。この着色には現在、紅薔薇を使っている。優しい色に仕上がるのだが、時間をおくと色が薄くなってしまう。「もっと色を濃くしたら」と言う客もいるが、毒々しくなるよりは淡い色の方がよいと考えている。また、茶色の黒糖まんじゅうは、黒糖の色そのまま。天狗まんじゅうといえば、この白・赤・茶の3種類を指す。

3種の天狗まんじゅうに使うこし餡は、札幌の製餡所から買った生餡を炊いて煮詰めるが、粒餡は店で小豆から炊いて作る。朝5時頃から作業を始め、午後2時くらいに終わる。ほかにも、蒸しパンやすあま、団子などがあり、饅頭以外はその日の朝に作るそうだ。また草まんじゅうは、生のヨモギと乾燥ヨモギを混ぜて使う。ふくらし粉を使うものの、ヨモギの繊維が膨らむのを抑えるため、今より大きくはしない。その分、蒸かし過ぎると割れてしまうというから、なかなか難しい。

値段は最初1個10円からスタート。平成23年に90円になったが、「私が嫁いできた昭和56年には50円でした」と振り返るのは、2代目社長である淳さんの夫人で常務の美枝子さん（昭和26年生まれ）。美枝子さんが始めたここのソフトクリームは、夏場になると飛ぶように売れる。

長らく駅そばの店だけで営んできたが、平成16年に支店として5条店をオープン。岩見沢には以前から駅前再開発の話があり、それに伴う道路の拡幅で、やがて店舗の取り壊しやセットバック（敷地境界線の後退）の可能性があるためだ。

新しい5条店にも天狗の面が掛かるが、駅前店の壁には全部で3つの天狗の面が掛かっている。中でも裏を紙張りした大きな面は、開店当時からずっと店を見守り続けてきた古参格。駅前店には奥に飲食ができる席もあり、内装を新しくして明るさがぐっと増したが、店内を流れるゆったりとした空気は変わっていない。

昭和8年築の3代目岩見沢駅舎は、その個性的な風貌ゆえにファンも多かった。だが、平成12年12月10日未明に焼失。新築された駅舎はグッドデザイン賞を受賞した瀟洒な建物だが、残念ながら町の顔としての力は感じられない。その意味でも、駅前通で変わらぬ姿を見せる天狗まんじゅうは、町の貴重な顔となっている。

昭和20年代後半●室蘭市

うにせんべい

●製造　㈱富留屋
●住所　室蘭市中央町2－9－4
●電話　（0143）22－5455
★うにせんべい（30枚入り）　3150円
★バターせんべい（4枚包み×6個入り）　315円
★チーズせんべい（4枚包み×6個入り）　315円

パッケージにも心憎いほどの演出

おいしい生ウニ好きゆえに、「お菓子にウニを入れるなんて」とずっと気になりながら食べていない幻のお菓子があった。それが富留屋の「うにせんべい」である。だが、ついにその日がきた。目の前には、和紙を使った存在感のある包装紙に包まれたうにせんべいがある。

包装紙を開くと、紙ぶたに「室蘭富留屋」と墨書された箱が現れ、腰のあたりに赤い紙帯が巻かれている。紙ぶたをゆっくりずらすと、中から小袋に入ったうにせんべいが姿を見せた。24個の小袋が1つにパッケージされているが、その包装を無造作に破ってしまったのでは、うにせんべいの最大の見どころを見逃すことになる。

その包装を開く前に、そのままそっと裏返してみてほしい。すると、底に開けられた5つの小窓から、なんと富留屋の文字がじつに慎ましく顔をのぞかせているのだ。このセンスある演出、心憎いほどだ。

お菓子の最大の魅力は、もちろん味にある。だがそれと同じくらい、いや、ある面ではそれ以上に大きな要素として、パッケージの意匠がある。うにせんべいは、お菓子と不即不離の関係にある、包装という重要な表現を通しても、わたしたちを存分に楽しませてくれるのだ。

そして、パックを切った途端、甘い匂いがふわりと鼻先をくすぐる。それはまさしく、筆者が愛するあの生ウニのそれであった。小袋をつまんで口を開く際も、するりと中身を取り出せるところがよい。

小袋の中からは、長径6㎝ほどの小ぶりな楕円形の煎餅が現れた。色合いはまさにウニの色。その洋風煎餅を、筆者はついに口に入れた。かみしめると、ムラサキウニとバフンウニをほどよく混ぜあわせ、軽くあぶり焼きにしたかのような香ばしさが、口の中に広がっていった。

国際色豊かな店頭には中国菓子も

富留屋の歴史は、明治31（1898）年に始まる。江差に生まれ、函館で菓子修業をした古谷雄太郎は、その前年に室蘭駅が開業し、石炭の積み出し港として注目を集めるようになっていた室蘭で独立。場所は町立病院（市立病院の前身）近くの常盤町の一角だった。病院に多くの人が出入りする姿を目にしたのが、決め手になったという。室蘭出身の芥川賞作家、八木義徳が書いた小説『海明け』の中にも登場する、まさに老舗だ。

最初は餅類を中心に扱っていた。というのも、港湾荷役の人たちが働く現場に行き、そこでお菓子を商っていたため、腹持ちのいい餅が売れ筋だったのである。2代目の雄蔵は洋風嗜好の人で、胆振初の喫茶店となるサンドイッチパーラーを始めたりした。そして3代目・富雄の時代に新たな商品開発に取り組んだ結果、今の富留屋の土台が築かれ、4代目の公徳さんに受け継がれてきた。

今も富留屋の看板商品である、バターせんべい、チーズせんべい、うにせんべいの〝せんべい三兄弟〟も、富雄が始めたものだ。バターとチーズは、昭和27年頃の生まれ。うにせんべいはその少しあと。東京発のお菓子の本などでは、北海道を代表する銘菓の一つとして紹介されることも多く、富

左から富留屋名物「うにせんべい」「チーズ煎餅」「バター煎餅」のせんべい3兄弟。下は、包装を開くと現れるうにせんべい。右上は、「富留屋菓子舗」の看板を掲げた昔の店舗外観

留屋の代名詞のような存在になっている。

　富留屋の店頭は、国際色豊かでもある。先代は一時、中国に凝ったことがあり、中国菓子のコーナーまで作ってしまった。その名残として、今も店内の一角が中国風に彩られ、お菓子自体も3種類が健在だ。「パイミー（百蜜）」や「パイカル（百果留）」というお菓子の存在は、ここで初めて知った。とりわけパイミーは、甘さが控え目でビールのお伴にもなるため、ここ数年人気が出ているという。また、「フールセック」というロシアケーキをベースにした菓子も作っていて、その探究心の旺盛さには感心させられる。

　このように富留屋では、他店ではもうお目にかかれない昔ながらのお菓子から、世界の珍しいお菓子にまで出合える。さらに、室蘭や登別、苫小牧など各地に、5軒も暖簾分けをしてきた功績も見逃せないだろう。作業場に流れる凛とした空気と、年季の入った道具類を見るだけで、１１０年という時の重みがしっかりと伝わってくる。

昭和30（1955）年●札幌市

しおA字フライビスケット《しおえいじふらいびすけっと》

●製造　坂栄養食品㈱
●住所　札幌市中央区南1西1（本社）
●電話　（011）231-0127
★1袋　120円

〝坂〟の顔とも言えるビスケット

祖母の家に遊びに行って、このビスケットをもらうと、食べる前に中味を全部袋から出し、並べて遊んだもの。これが、子どもの頃の約束事だった。それに熱中するうちに、ずっと会っていなかった親戚の子らとの距離は、あっという間に埋まってしまう。そんな不思議な力も備えているこのビスケットは、やがておしゃべりとともに子どもたちの口の中に次々と放り込まれていく――。

「英字フライビスケット」が生まれたのは、昭和30（1955）年のこと。その後、欠けた文字があることに配慮して、「英字」を「A字」に置き換えたとされる。謎解きはあと回しにして、まずは坂一長著『ふれあい七十年』（私刊・昭和60年）を元に、「坂栄養食品」の歩みを振り返ってみよう。

奈良県吉野郡那須原村出身の坂長太郎は、明治36（1903）年、17歳で親兄弟らとともに上士別村（現士別市）に移住した。密林を開墾し、蕎麦、麦、小豆、馬鈴薯などを栽培していたが、作物の2次加工に着目。明治44年に馬鈴薯から澱粉を製造する坂澱粉工場を設立し、これが坂栄養食品の礎となる。

長太郎の長男一長（大正3〈1914〉年生ま

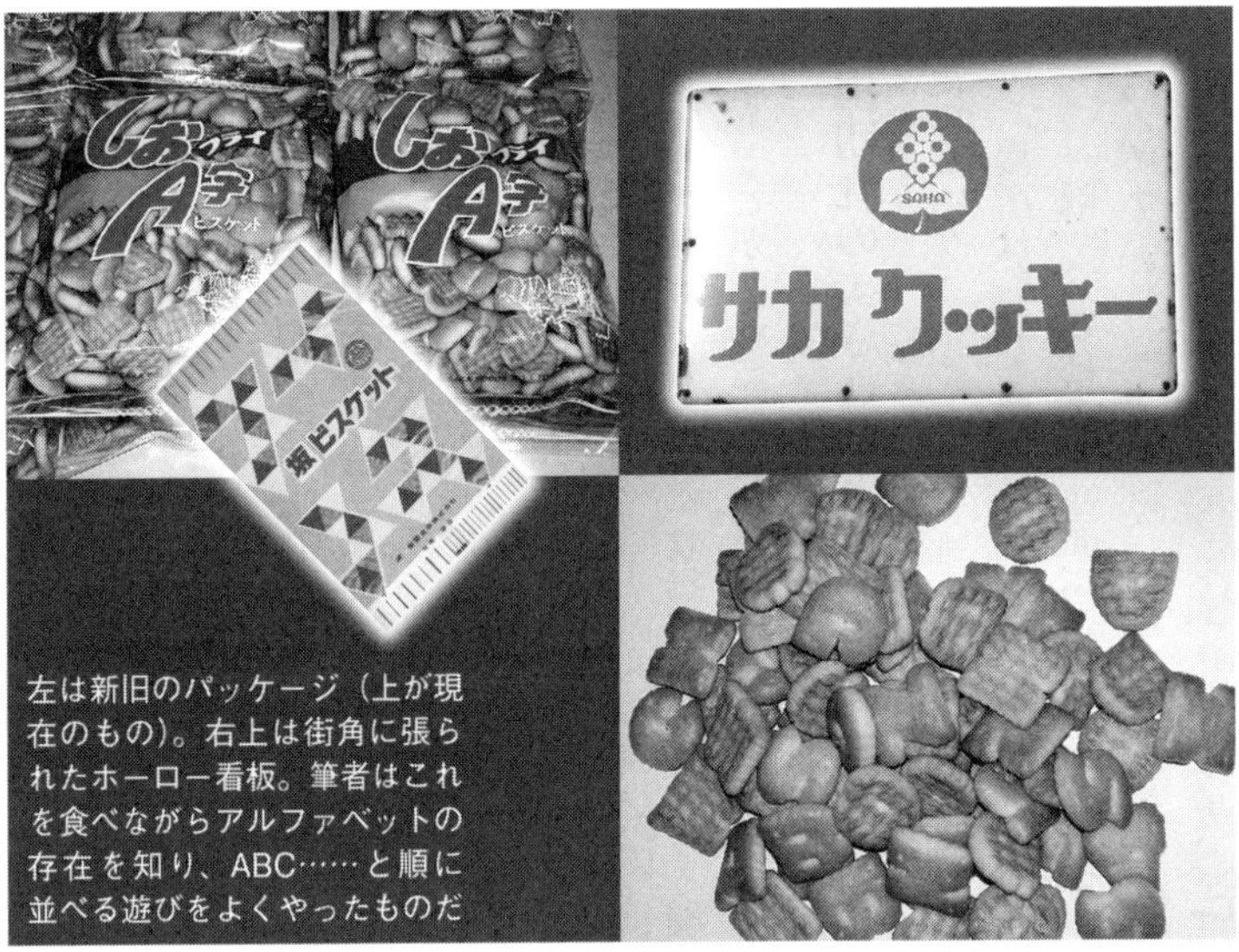

左は新旧のパッケージ（上が現在のもの）。右上は街角に張られたホーロー看板。筆者はこれを食べながらアルファベットの存在を知り、ABC……と順に並べる遊びをよくやったものだ

れ）は、昭和16年に「札幌千秋庵」（p94）を創業した岡部式二の長女千恵子と結婚。同18年には27歳の若さで上士別村の村長に就任し、翌年2度目の召集を受けるまで務めた。戦後は坂澱粉工場に戻り、社名を「坂栄養食品研究所」に改称。母乳の代用品となるベビーフードを製造し、食糧配給公団を通じて国民に配給されている。

　昭和22年には岡部式二の指導で、澱粉を素材に栄養価の高い幼児用焼菓子「ベビーデリシャスフード」を販売。生産が追いつかないほど売れたため、東京の稚野工業所からビスケットの製造機を購入し、同24年からビスケットの製造を開始。翌年には、坂栄養食品株式会社を設立した。

　札幌進出は、昭和30年のビスケット工場完成（現在の西区二十四軒）に始まり、同38年には札幌初のセルフサービス方式を採用した「坂レストラン」と、2階に「坂会館」をオープン。その後、同46年に一長は会長に就任し、社長を弟の正俊に譲った。現在、会社は坂尚謙社長に引き継がれている。

レストランはすでにないが、1階の一角にある売店（西区二十四軒3－7－3－22、☎011・632・5796）ではバラエティに富むビスケット類を売っている。工場直売だから価格も格安で、何よりもほかでは見ることのできない㊓印の詰め合わせ袋が、財布もお腹も満足させてくれる。

筆者は㊓マークをずっと、「特別割引ビスケット」と解釈していた。聞いてみると、確かに値段は割安になっているけれど、実際には製造工程で「割れたビスケット」などを中心に袋詰めしたものという。私は気づかずに食べていたが、そう聞いてもどこが割れているのかわからなかった。

歯切れのよさとあとを引く味わい

坂のビスケットやクッキーの古い化粧缶を見つけた。場所は売店と繋がる「レトロスペース坂会館」の一隅で、実に多様な顔ぶれが展示されている。ブロマイド、壜、薬箱、乗車券、ジンギスカン鍋、人形、日本酒のラベル、ミシン、パッチ、マッチ箱、化石、学生運動のヘルメット……などが所狭しとひしめき合っている。

レトロスペースで坂一敬館長らと素敵な時間を過ごしたあとは、必ず隣の売店に立ち寄ることにしている。そこでいつも買ってしまうのが、「ラインサンド」だ。袋のデザインとマッチした、クリームを挟んだ細長くかわいらしいサンドビスケット。そのまろやかな香りと味はあとをひき、一つ食べると本当に止まらなくなってしまう。

さて、前出の謎、「英字」と「A字」の問題だが、実は今も「英字」の名称は使われていた。あちこち探しまわっていたら、諦めかけた頃に実物をスーパーの棚で発見したのだ。「英字フライビスケット」と書かれたそれは180g入りで105円、袋にお徳用の文字が添えられていた。

さまざまに謎めきながら、半世紀以上の道程を歩んできた坂栄養食品のビスケット。その爽快な歯切れのよさとあとを引く味わいは、そのままレトロスペースの小気味のいい世界に繋がっていた。

昭和32（1957）年●帯広市

高橋まんじゅう屋の大判焼き《おおばんやき》

●製造　高橋まんじゅう屋
●住所　帯広市東1南5－19－4
●電話　（0155）23－1421
★あん・チーズ（1個）　各100円
★ソフトクリーム（1個）　150円

ドリカムファン垂涎のグッズとは

筆者の手元に、5つの〝たかまんグッズ〟がある。〝たかまん〟とは、帯広にある「高橋まんじゅう屋」の略称だ。まず、湯呑み茶碗1個と皿が2枚。湯呑みと皿の片方には、たかまんのオリジナルキャラクターが描かれ、もう一枚は「高橋まんじゅう屋」とだけ書かれた浅めの皿である。こうしたさり気ないオリジナルグッズに接していると、店主やスタッフの店に対する誇りと愛着がうかがえ、うれしくなる。

4つめが、白地の布に店名とそれを囲む無数のたかまんキャラがプリントされたバンダナ。このバンダナには、あるエピソードが隠されている。ご主人で3代目の高橋道明さん（昭和39〈1964〉年生まれ）が卒業した地元高校の同窓生（2期下）に、のちに人気バンド「ドリームズ・カム・トゥルー」（以下ドリカム）のボーカリストとして名を馳せる吉田美和さんがいた。彼女も高校生の頃は、たかまんによく通っていたという。

ドリカムが有名になってから、帯広でライブが行われることになり、その際、ツアーのメンバーが店に立ち寄ってくれた。そこで、店のバンダナをお土産代わりに渡したところ、ライブのステージで使ってくれたという。以後、帯広でライブがあると、観客もこのバンダナを頭上で振り回すのがお決まりの光景となった。つまり、ドリカムファンには垂涎のバンダナなのだ。

これまで、すでに1000本ほど配ったと聞く。これはもう、ドリカムと帯広を結ぶ強力な絆といえるだろう。かつて商いに携わる人たちは、いろんな形で文化を発信する側を支援していた。そんな心意気を、たかまんグッズからも感じてしまう。ちなみに5つめは、店で使っている前掛け。これだけ揃えば、筆者もたかまん一家の一員として認めてもらえるだろうか。

さて、高橋まんじゅう屋は道明さんの両親である修・睦子夫妻の父母、幸造・ヒサノ夫妻が、昭和29年に開いたのが始まり。幸造夫妻は満州から十勝の清水に入り、高橋商店として飴や煎餅を作っていた。しかし思うように売れず、同32年には帯広へ移り住んで高橋冷菓店を開く。夏場はアイスキャンデーなど、冬場はおやきを売った。最初からおやきとは呼ばず、別の名前で売っていたが、3年ほどたってサイズを大きくした際に、「大判焼き」を名乗るようになったという。

豊かな弾力性と独特のさっくり感

饅頭の方は、メニューに加わったのが昭和52年頃と比較的新しい。道内で蒸かしたての饅頭を販売する店は少ないから、「まんじゅう屋」の文字は印象的。しかも、ここの大判焼きには、一度食べたら忘れられない独特の味わいがある。まず、手に取った感触からして違う。生地への空気の入り具合が絶妙なので、豊かな弾力性と独特のさっくり感が楽しめるのだ。

その大判焼きを、焼き台に向かって焼く道明さんの姿は、ショーウィンドウ越しに店の外からもよく見える。ものすごい数の焼穴が並ぶ焼型が、店頭を埋めつくし、まさに壮観だ。試しに焼穴を数えてみると、全部で256個もあった。

また、包装紙にも味がある。まちの歴史を市民

電信通沿いの店舗は、ガラス越しに焼く様子が見られる（左上）。250個以上という焼台の列と店主の仕事ぶりは壮観だ。たかまんのキャラクター入り湯呑み(右中央)など、グッズも見逃せない

に知ってもらおうと、帯広市が「昔のまちの地図を商店街で使ってほしい」ともちかけてきた。地図には、店の前を通る「電信通」も載る。この通りの名は、明治30（１８９７）年に帯広—大津（豊頃町）間の電信が開通し、帯広初の電信柱が立ち並んだことにちなむ。その昭和10年の市内戸別地図が、たかまんの包装紙に使われている。これが食べたあとも取っておきたくなるもので、包装一つで帯広のまちが魅力的に見えてくる。

「ここで得られたのは人との繋がりです。3代にわたるお客さんもいますし、小・中学生が成長して行く姿を見守ることもできます。ここは、コミュニケーションの場なんです」と道明さん。

この店が多くの人々を引き寄せるのは、家族が力を合わせて営んでいることも大きい。高橋夫妻と弟さん、ご両親の見事な連携で切り盛りする店内は、幅広い世代がくつろげる、居心地のよい空間となっている。この店ならではの味と空間が生み出す吸引力こそ、人気の秘密に違いない。

昭和33（1958）年●北見市

ハッカ飴《はっかあめ》

●製造　永田製飴㈱
●住所　北見市南仲町1-5-10
●電話　（0157）23-2825
★ポリセロ袋（小）　210円
★ポリセロ袋（大）　315円
★化粧箱入り　525円

ハッカ王国の歴史が秘められた飴

北見といえば、いわずと知れたハッカの町である。ハッカは明治17（1884）年に開拓者の手で北海道に持ち込まれ、同29年から北見で栽培されるようになった。昭和30年代の最盛期には、世界市場の7割を生産し、北見の名はハッカとともに広まり、「ハッカ王国」とまで呼ばれた。

ところが、輸入の自由化で安価なハッカが手に入るようになり、さらに合成ハッカも普及。これにより、北見の天然ハッカは壊滅状態に追い込まれてしまう。だが、北見はその後も、菓子をメインにハッカの町として生き続けることになる。

その一つに、「永田製飴」が製造、販売するハッカ飴がある。そもそもは、明治34年に旭川で永田製飴工場として創業。そこから独立した永田正麿が、ハッカ景気に湧く野付牛（北見の旧名）に居を移し、大正10（1921）年4月に北1条西5丁目で創業したのが、北見における永田製飴の始まりとなった。

最初は、主に水飴やでんぷん飴を作っていた。でんぷん飴とは、通常は麦芽を使って作る水飴に対して、ジャガイモの澱粉を酸で分解して作る水飴のことである。戦時体制下で一時休業を余儀な

空色をした飴玉（中央）は、刺激を抑えたハッカの風味が爽やか。昭和10年に北聯北見薄荷工場の事務所として生まれた建物を使う「北見ハッカ記念館」（左上）には、美しいハッカの結晶（右）などが展示される

くされたのち、戦後の昭和20（1945）年に営業を再開。現在の形に近いハッカ飴が生まれたのは、同33年のことだという。北見のハッカ景気が峠を越え、徐々に陰りが見えはじめた頃だった。2代目がハッカを加工した飴を作ろうと考案したもので、その後、あちこちで類似品が作られたが、元祖は永田製飴のハッカ飴だという。

そんなハッカの歴史を伝えるのが、「北見ハッカ記念館」だ。永田製飴の近くにあり、建物は昭和10年にホクレン（当時は保証責任北海道信用購買販売組合聯合会、略称・北聯）北見薄荷工場の事務所として建てられたものが移築されている。

前庭には、「ほくと」「ほうよう」などのジャパニーズミントが植えられ、館内にはハッカに関係する資料やパネルなどが数多く展示されている。また、隣接する薄荷蒸留館には、かつて使われた大きな機械や設備品が置かれ、併設の売店では各種ハッカ製品も販売。中でも多いのがハッカを使ったお菓子で、もちろんハッカ飴もある。

道内よりも道外で売れる実力派

永田製飴では、ハッカ飴以外にも多彩な飴を手がけている。網走市の依頼で創案した「流氷飴」は、完全な手作り。流氷のイメージを出すため、白と青を3工程で重ねて板状にし、ナタで割ってぶっかき状にした。昭和33年開催の北海道大博覧会で総裁賞を受賞している。同43年に全国菓子大博覧会で無鑑査賞に輝いた「岩壁飴」は、層雲峡の岩壁をイメージしたもの。白・緑・茶の3色には、バター、抹茶、チョコを使っている。

また、ハッカ飴は昭和48年に大臣賞、平成20年に橘花栄光章を、「牛乳飴」は昭和52年に名誉大賞を受賞。最初は裸飴だった「バター飴」も、昭和50年代前半にピロー包装する機械を特注して袋入りにしている。社屋の壁に広告板が貼られている「ゴールデンバター飴」は、同54年に発売。臭みが出ないぎりぎりの線という、通常の3倍にあたる量のバターを使っており、平成6年には、最高賞である名誉総裁賞を受賞している。

飴の売れ行きを長期的に見ると、大きな変化はなく、景気にも左右されにくいが、味の傾向はチーズなど新しいものに変わりつつある。しかし、今もダントツで売れているのはハッカ飴なのだ。

これには「ハッカ通商」の存在も大きい。ハッカ通商の創業者は、永田製飴の社長・永田正記さんの兄武彦さん。さまざまな用途に使える「ハッカ油」というロングセラー商品を、製造、販売する会社だ。平成16年に北見で栽培が再開された和製ハッカも、ここで製品化して販売する。

ハッカ通商が全国各地で開く物産展には、パッケージデザインの異なるハッカ飴も並ぶ。すると、それを買った客がファンになり、その要望でまた百貨店から声がかかる。こうして道外で売れる数の方が、圧倒的に多いという。もの珍しさからではなく、自分自身で楽しむために購入しているのだ。そろそろ道民も、ハッカの価値に目を向けてみてはどうだろうか。

昭和33（1958）年●札幌市

おやきの平中《ひらなか》

●製造　おやきの平中
●住所　札幌市白石区菊水7－2－1－2
●電話　（011）821－2645
★あん・クリーム・チョコ（1個）各80円
★ハンバーグ・マヨチーズ（1個）各110円

きっかけは隣にあった映画館

札幌の白石区にある菊水地区には、かつてススキノから移転させられた遊廓があった。そこが今では、菊水中央商店街を中心に人情味のある佇まいになっていて、筆者にとっては心安らぐ場所の一つになっている。ここで昭和33（1958）年からおやき屋を営むのが、「おやきの平中」だ。ちなみに、「とうまん」（p132）で知られる冨士屋の本社も、平中のすぐ近くにある。

菊水地区にはかつて、昭和29年開館の映画館「菊水劇場」（昭和46年閉館）があった。その隣で自動車整備工場を営んでいた平中誉志美さんの家では、物置を利用して映画館利用者をあて込んだ自転車の一時預かりをやっていた。すると周りの人たちから、「映画館にはおやき屋さんがつきものだから、やってみたら？」と助言されたのをきっかけに、おやき屋を始めたという。

菊水劇場の運営は、今からみるとユニークなものだった。地域の有志が株主になって支配人に貸し、家賃をもらって運営するという方式をとっていたのだ。映画館が地域と共生していた時代ならではの話だが、あったかい空気が伝わってくる。

おやき屋は、誉志美さんの妻ハル子さんが営むようになり、その後、昭和40年に長男の和隆さんに嫁いだ幸子さん（同17年生まれ）が受け継ぎ、現在は娘の佐藤晶子さんと二人で切り盛りしている。最初は餡1種類だけで始め、小豆を煮てこしらえる自家製の粒餡を使っていた。

メニューにクリームが加わったのは昭和57年のこと。同60年頃にチョコを始め、平成3年にはハンバーグも登場している。新メニューを作る際は、近くの高校生たちによく試食してもらった。当時、生徒だった常連客に、「あの頃はよく感想を聞かれたなあ」と、今でも言われるそうだ。最も新しいのが、平成7年に誕生したマヨチーズ（チーズ入りマヨネーズ）である。

バレンタインには上司が部下に

餡は昔からあっさり味で、皮は冷えてもあまり固くならないのが平中の特徴だ。でも以前と変わったこともある。それは柔らかさ。卵の量を増やし、添加物を1種類加えることで実現した。

「でも、お客さんの中には、前はもっとおいしかったって言う人もいるんです。昔からみると、今の方がずっとおいしくなったのにねえ」と幸子さん。過去はノスタルジーによって、時間とともに美化されがちだ。一方、現在はいつも移ろっているので、正確に評価するのは難しい。

最初は炭を使っていた焼き台だが、幸子さんの時はもうガスになっていて、現在は3代目。広島県福山市にある光陽機械製作所の製品で、初めは30穴だった型が、今では40穴になっている。コツが必要なのは、火加減の調整。型が熱くなりすぎてから生地を流し込むと、皮の表面がぶつぶつになってしまう。焼き具合は色を見て経験で判断するが、急ぐときは中を覗いて判断している。

客層はさまざまで、おやき屋さんを開こうと思っているらしき人もかなり足を運ぶという。高校生の時にきていた客が、「大学祭でやってみたい」と頼むので、道具類一式を抱えてキャンパスに出向き、半日かけて教えたこともある。

興味深いことに、おやき屋は高校と映画館となぜか縁が深い。平中のおやきは、隣にあった映画館が開業のきっかけだった。筆者が通った高校も、目の前におやき屋があってよく利用した

子どもたちは店先で食べていき、サラリーマンはたいてい持ち帰る。営業マンは、相手の会社に手土産にすると喜ばれる、とまとめて買ってくれる。また、バレンタインデーが近づくと、上司タイプの人が部下の女の子に買っていく姿が増えるというのが微笑ましい。

おやきに加えて、40年余り前からは夏場限定でかき氷も出す。シロップの味が独特なので聞いてみると、昔から自家製という。イチゴ、メロン、レモン、みぞれがあり、最初の頃はオレンジもあった。年配者はこのシロップがおいしいと言ってくれるが、孫の年代になると既製品の方を喜ぶので、青リンゴ、カルピスなどの新メニューも追加している。

話を聞いている間も、次から次へと客がやってくる。「餡3つ。どれくらいかかるの?」「5分くらいかかります」「あら、そんなに? 待てないわあ」「すみません」——。おやきの待ち時間を「5分も」と考えるか、「5分しか」と考えるか。筆者にとっては、興味深い違いである。

昭和35（1960）年●小樽市

クリームぜんざい

●製造　㈱あまとう
●住所　小樽市稲穂2-16-3
●電話　（0134）22-3942
★クリームぜんざい　550円
★お土産用（Sサイズ）　200円
★お土産用（Mサイズ）　280円

「甘党食堂」から戦後は喫茶室へ

　小樽のまちを歩くと、昭和ヒトケタの頃に建てられた個性的な建物によく出合う。建築史的にいうと、アール・デコが流行っていた頃のもので、有機的で生命感あふれる意匠が、時間の経過とともに味わい深く語りかけてくる。菓子屋を巡っているうち、それはお菓子の世界にも当てはまることに気づいた。前から気になっていた菓子屋を訪ねてみると、昭和ヒトケタあたりに創業した店が結構多いのだ。

　小樽の都通にある「あまとう」も、その一つ。昭和4（1929）年創業で、石川県大聖寺出身の柴田昇が、小樽の㊀ラムネ製造所で働いたのち、独立して開いた店だ。最初の店名は、「㊀甘党食堂」。シルシがラムネ屋と同じマルイチなのは、そうした縁で使われたためらしい。

　あまとうも、創業時は「ぱんじゅう」を焼いて売っていた。甘党食堂という店名は、創業者が大の甘党だったことに由来する。食堂と名乗るだけに、ぱんじゅうなどの甘味類はもちろん、丼ものや寿司、ハヤシライスからラーメン、蕎麦に至るまで、あらゆる食事を提供していた。

　戦後になって、甘味と飲み物だけの喫茶室とな

昔の店内（左上）と、右下はラムネ屋時代の歩みを伝える写真。そうした歴史の重みを感じながら味わうクリームぜんざいは、味の深みが違う。右上は工夫を重ねて開発した持ち帰りタイプ

り、店名を「あまとう」に変えたのは昭和30年代初めになってから。現在3代目として切り盛りする柴田明さん（昭和25年生まれ）の母親が、時代に合わせて平仮名にしようと提案した。

「クリームぜんざい」がメニューに登場したのは、昭和35年のこと。粒入り小豆餡と求肥の餅を、たっぷりのソフトクリームで覆ったものだ。クリームぜんざいという商品自体、おそらく北海道初だったのではないかという。同35年には、あまとうのもう一つの顔、「マロンコロン」も誕生。「クリームぜんざいとマロンコロンは、店のツートップなんです」と柴田さん。

現在は、売り上げの4割をマロンコロンが占め、喫茶の注文の5割がクリームぜんざいだという。筆者が訪れた時も、確かに年代を問わず注文をする人が多かった。名実ともに店の看板商品であり、季節によって特別バージョンも出している。

例えば、イベント「雪あかりの路」が開催される頃は、「雪あかりのスペシャルクリームぜんざ

い」を出す。「苺のクリームぜんざい」のように、人気を得て固定メニューになったものもある。これらはすべて、柴田さんのアイデア。平成元年に実家のあまとうに戻るまで、東京で15年以上、「週刊女性自身」の編集部にいた柴田さん。それだけに、企画立案はお手のものなのだ。

甘くて申し訳ございません

かつて、クリームぜんざいのコマーシャルが街頭放送でよく流れていた。「甘くて申し訳ございません。あまとうのクリームぜんざい」というキャッチフレーズが今も耳に残っている。平成23年12月現在、マロンコロンのCMソング「ほんと罪だわマロンコロン」(歌・柿本七恵)が、小樽だけでなく、札幌の中心部や琴似本通の街頭放送でも流されている。

柴田さんの手元には、昭和11年の食堂メニューが残されている。まちの貴重な生活文化資料としてすべて記載したいところだが、ここでは甘味類とその値段だけをご紹介する。

〈しるこ10銭/ぜんざい10銭/ぞうに15銭/あべ川15銭/みつ豆15銭/フルーツポンチ25銭/ミルクポンチ25銭/フルーツ盛合25銭/パイン10銭/ケーク15銭/あま酒10銭/クリームソーダ25銭/アイスクリーム15銭〉

この当時は甘味類に始まり、和・洋・中からアルコール類まで、とにかく何でも出していた。意外だったのが閉店時間で、普段は午後11時、土曜日は同11時半とかなり遅い。ここだけがポツネンと開店していたとは考えにくいから、その頃の商店街の活気がそこからも伝わってくる。

ここで70余年の歳月を飛び越えて、平成23年のメニューを元に物価の変遷をみてみよう。しることぜんざいが10銭から500円に、みつ豆が15銭から550円になっている。内容の変化を考慮せずにぜんざいで単純計算すると、価格はちょうど5000倍。たった1枚の紙片とはいえ、そこには貴重な情報が盛り込まれている。

昭和39（1964）年●旭川市

梅《うめ》屋《や》のシュークリーム

和菓子屋のシュークリーム

北海道でシュークリームといえば、旭川の「梅屋」が作るシュークリームだ。今ではどこの洋菓子店でも作っているし、大型商業施設へ行くとシュークリームだけのワンアイテムショップまである。それでも梅屋を思い浮かべてしまうのは、歩んできた時の厚みによるのだろう。旭川でしか買えなかった時代は、行くたびにこのシュークリームを食べ、お土産に持ち帰ったもの。

梅屋は大正3（1914）年、初代の松田理一郎が創業。のちに2代目が経営に行き詰まり、昭和43（1968）年に佐藤きみ子が買い取って3代目となる。佐藤家には男子がいなかったため、長女の夫である木村進が4代目となり、その後は次女と結婚した山本憲彦さん（昭和18年生まれ）が跡を継いできた。そうした経緯もあって、資料はほとんど残っていないという。

梅屋はその屋号が示すように、もともとは和菓子屋として創業した。古くからある和菓子に「星の梅」がある。パッケージはいろいろ変化してきたが、現在は竹皮で編んだ舟形の器の中に、青森で採れるシソでくるんだ生菓子を盛っている。かつて新聞に、吉田茂元首相が好んで食べたという

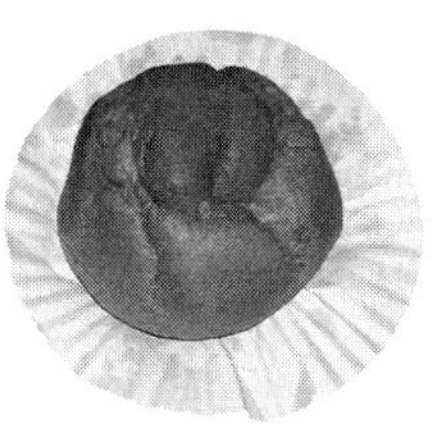

●製造　㈱梅屋
●住所　旭川市高砂台2-2-11
●電話　（0166）61-7998
★シュークリーム（1個）　126円
★エクレア（1個）　189円

記事が載ったそうだ。

シュークリームを作りはじめたのは、東京オリンピックが開催された昭和39年のこと。まだ工場に冷蔵庫すらない時代だったから、その日に作ったものはその日のうちに売るしかなかった。クリームはカスタードと生クリームを混ぜたものを使用。クリームの製法は最初の頃とまったく変わっていないそうで、昔と違うのは量を少し多くしたことぐらいだという。

皮は電気ガマで焼いていたが、その後はトンネル釜を使用。昭和61年に工場を増築した際、さらに釜を大きくした。釜が変わると、皮の味も少し変わるそうだ。発売当初の80円から100円に値上げして以降、30年ほど価格を据え置いた。いったんは原材料の高騰で、平成20年に120円（税別）となったが、現在は100円に戻っている。

経営者が代わっても変わらぬ味わい

札幌に進出したのは昭和60年のこと。五番舘（のちに西武札幌、平成21年閉店）が西武百貨店と業務提携した際、旭川西武にテナントで入っていた縁で入店することになった。100円シュークリーム1本に絞ったところ、これが大当たり。この成功で梅屋のシュークリームの名は、札幌でも広く知られるようになった。その頃は、旭川の工場から皮とカスタードの原液を札幌に運び、売り場で製品に仕上げて販売していたという。

5代目の山本社長は徳島出身で、食品会社に勤めたのち、昭和53年に旭川へ移った。その時、初めて梅屋のシュークリームを食べて驚いた。それは梅屋の特徴である、淡い色あいのサクッとしたシュー皮と、中からとろけ出るあっさりしたクリームのコンビネーションにあったという。筆者も初めて食べた時は、カスタードと生クリーム、そして皮の絶妙のバランスに驚かされたもの。「菓子屋は、1つの店舗だけでやっていれば小回りが利きます。それが会社組織でだんだん大きくなると、パッケージや製品の日持ちもいろいろ考える

旭川から全道に広がった、昔ながらのシュークリーム。それにカフェシュー、エクレアが加わった三姉妹が、ショーケースを賑している（左上）。右上は旭川市内の高砂台にある店舗兼工場

ようになるんです」と山本さん。

ところが、梅屋で話を聞いたわずか50日後、新聞の経済欄を見て驚いた。梅屋が、「北海道村」の子会社になったというのだ。山本さんには後継者がおらず、資本の提携先を探していたところ、北海道村がそれに応じて全株式を買収したのである。山本さんは会長となり、社長には北海道村の庄子敏昭社長が就いた。

庄子社長自身も、旭川の菓子屋の子息である。北海道エスケープロダクツから北海道村を立ち上げ、平成19年には小樽・池田製菓の事業を継承している。筆者にとっては急展開の印象だが、水面下で交渉が続けられていたのだろう。

ただ、梅屋のこれまでの歩みを振り返ると、それもまた梅屋らしいと筆者は思う。経営者を幾度も変えながら１００年近く続く梅屋が、また別の人に受け継がれてゆく。そして、その基盤となりブランドを守ってきたのは、いつも「梅屋のシュークリーム」だった。

昭和30年代後半●北見市

ほっちゃれ

ほっこり割れるカステラ饅頭

道内各地の菓子屋を訪ね歩くと、サケを題材にしたお菓子とあちらこちらで出合う。その多くが最中で、菓子屋は違っていても、よく見るとその皮はまったく同じものを使っていたりする。これまでに見たサケ最中の中で一番印象に残るのは、体長20㎝余りで重さが185gもある、五勝手屋本舗の巨大な「あきあじ最中」だろうか。

　そんな中、北見にある「菓子處大丸」の看板菓子「ほっちゃれ」は、半生のカステラ生地の皮で、餡をくるんだカステラ饅頭である。道内ではあまり見かけないタイプだ。ほっちゃれとは、子孫を遺すため、満身創痍になりながら海から懸命に川を遡上し、産卵を終えたサケの最期の姿である。

　大丸は昭和9（1934）年、現在地から半丁ほど離れた場所で中村義男が創業。その後、2代目の哲久を経て、現在は3代目の信博会長と4代目の寿志社長に受け継がれている。大丸という屋号は、かつて親戚が営む大丸という名の割烹があり、そこを初代が手伝っていたことにちなむ。ほっちゃれが生まれたのは昭和30年代後半のことで、名付け親は初代の義男だった。

　そのほっちゃれを指で曲げてみると、実にしな

●製造　菓子處大丸
●住所　北見市北2西2－14－2
●電話　（0157）24－2816
★1個　116円
★箱入り（10個入り）　1313円
★箱入り（15個入り）　1943円

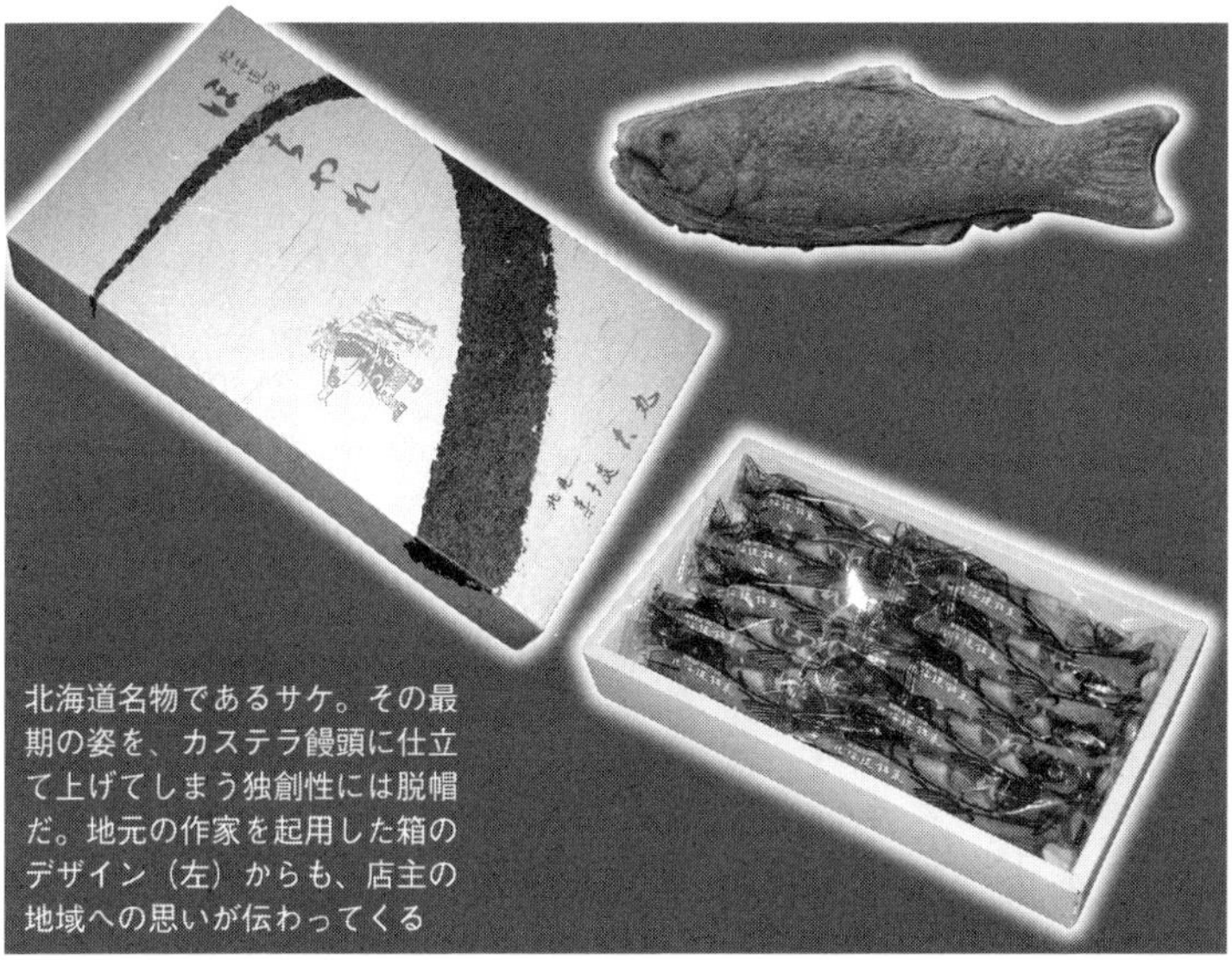

北海道名物であるサケ。その最期の姿を、カステラ饅頭に仕立て上げてしまう独創性には脱帽だ。地元の作家を起用した箱のデザイン（左）からも、店主の地域への思いが伝わってくる

やかで、さらに曲げるとようやくほっこりと割れる。思った以上にしなやかで、柔らかい。「あっさりしていて、今の時代に合っています。味覚の変化を研究されていますね」と書かれた葉書が、客から寄せられたことがある。しかし誕生以来、材料の配合は一切変えていないそうだ。ある意味、完成された味といえるかもしれない。

　そのカステラ生地の中には、黒いこし餡が入れられている。口に入れると、皮の柔らかな舌触りとなめらかな餡が、ほどよいバランスでとろけ合ってゆき、そのハーモニーが楽しめる。

味の秘訣はコクと後味のよさ

　大丸といえば「どら焼き」にも定評がある。こちらも、流行とは距離を置いているという。

「生どらが人気になって、あちこちで作るようになりましたが、私は奇をてらうだけでなく、基本を押さえた上でどう新しいものを創り出すかを大切にしています。売れないから新しいもの、とい

うのはある種の逃げ。売れないのを時代のせいにして、時流に乗ろうとするのはどうでしょうか。難しいのは、毎日どうやって平均的なお菓子を黙々と作れるか、でしょう」と会長の信博さん。

ほっちゃれの皮と餡がとろけ合う食感は、どら焼きにもつながる。大丸のどら焼きを食べた時、他所とは違うクセのないうまさを感じた。ふんわりした皮にとろとろの粒餡が包まれ、両者が調和している。選別された粒ぞろいの小豆を使い、磨きをかけることで雑味が口に残らない。「だからこそ、食べた人はみな、あっさりしていると感じるのでしょう」と信博さんは語る。筆者がこれまでにおいしいと感じたどら焼きは、味わいはそれぞれでも、このあっさり感は共通している。コクがありながら、さっぱりとした味わいなのだ。

ところで、大丸のロゴマークは昭和30年代に作られたもの。書家でもあった経理担当者が、菓子のイメージを文字にした。菓子の使命は人の気持ちを和ませ、幸せにすることにあるという考えから、どの菓子の文字も丸みを帯びさせている。

初代は昭和20年代、普通は1個5円ほどで売れている商品を、あえて10円、20円の値をつけて売った。材料費をかけてでも、よりおいしいものを作ろうとしたのだ。菓子の世界に入ったのは、自分で創作したものを販売できる上に、自分で値をつけられ、値崩れすることもあまりない、ありがたい商売と考えたからなのだという。

「大手メーカーのように広い地域を対象に商売するやり方もありますが、私たちは地元の人を対象にコツコツやってきました。そこで大事になるのが人づくり、人育て。特に製造販売は、人づくりにつきると思います」と信博さん。

菓子の味は、包装紙によっても引き立てられる。大丸ではかなり以前から、北見出身で流氷の絵などに定評のある画家・鷲見憲治の作品を、包装の絵柄に使ってきた。こうした見識からも、地域の菓子屋と地域の文化との深い繋がりが見えてくるようで、興味は尽きない。

例えばこんな最中旅

道内各地で生み出される地域色豊かな最中を求めて

種皮で自在に表現される郷土色豊かな最中たち

頬ばった瞬間、何ともいえない香ばしさがふわっと鼻先をくすぐる。種皮から立ちのぼる新鮮な香りのあとを、すぐ餡の風味が追いかけてくる。その両者が溶け合いながら、口中に味わいが広がっていく——。最中を食べる最高の愉しみは、この一瞬にあるといっても過言ではない。

「十勝平野」（右）と「はぼろ名所もなか」

最中が誕生するのは江戸時代中期のことだが、その名のルーツは平安時代に遡る。10世紀に編纂された『後撰和歌集』に、源順（みなもとのしたごう）の「池の面に　照る月浪をかぞふれば今宵ぞ秋の最中なりける」という歌が収められている。〝秋の最中〟は仲秋の名月を指し、最中の名を用いて最初に売り出されたのが、吉原の竹村伊勢による「最中の月」だった。

この最中の月は、もち米の粉を水で練って薄く伸ばし、丸形にして焼いたものに糖蜜をかけたお菓子。この生地の間に餡を挟んだものが、日本橋で「最中饅頭」として売られたといわれ、これが最中の祖型といえる。

最中の種皮は、もち米の粉を練って焼くため、型を工夫すればいろいろな形にできる。それゆえに、ネーミングや種皮のデザインによって、郷土色豊かな独自のアイデアを具現化できるのだ。ここでは最中の皮を通して、北海道の風土に触れてみたい。

北海道の土地柄が生んだ 日本一？の巨大最中

北海道といえば、やっぱり広々とした土地のイメージが強い。そのせいか、お菓子も異様な大きさのものが生まれることがある。ここでは、「北海道三大最中」をご紹介しよう。

まず、道東の芽室町「まさおか」が作る巨大最中「十勝平野」から。まさおかは大正6（1917）年の創業で、現在は3代目正岡宣征さんが当主だ。最中は木の葉型で、表面を4つに分割した中に十勝産のジャガイモ、小豆、ビート、そして牛と牧場の風景が浮き上がっている。

両面とも同じ絵柄の種皮が使われ、中には小豆餡がたっぷり。気になるサイズを測ってみると、

十勝平野（芽室町・まさおか）

葉っぱの縦が208㎜、最大幅142㎜。厚さは20㎜あった。重さ220gで1個605円。4分割のデザインは、切り分けて食べるのにちょうどいい。
次は、道南の江差町「五勝手屋本舗」（p8）で作る「あきあじ最中」。北海道を代表する味覚「秋味《あきあじ》（鮭）」を象ったもので、大小2種類ある。小さな方でも体長160㎜、体高55㎜、厚さ26㎜あり、大きな方はそれぞれ217㎜、70㎜、30㎜。数字だけでは実感できないが、実に丸々と太っている。
大きさはもとよりウロコも見事に表現され、思わず魚拓を取りたくなるほど。重さは小さい方が約90g、大きい方は2倍強

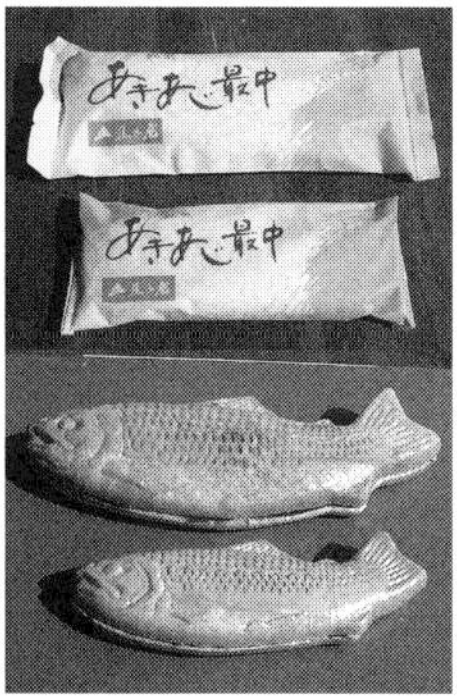

あきあじ最中
（江差町・五勝手屋本舗）

の185g。種皮も少し厚めだ。巨体を前ににらめっこしたあと、意を決して齧りつく。中から黒々としたこし餡が現れるが、くどくないのでまるごと一匹食べられそうだ。値段は大が473円、小が273円。

最後は、羽幌町の「梅月」（p88）が作る「はぼろ名所もなか」。雪の結晶を象ったもので、4分割された表面には「赤岩」「天売・焼尻島」「『はぼろ』の文字」「オロロン島」が浮き出ている。オロロン島は、地元で〝ろっぺん鳥〟とも呼ばれる国内絶滅危惧種。

裏面には、札幌、函館、小樽、釧路などの主要都市と羽幌の位置が印された北海道地図が浮き出ている。4カ所それぞれに「粒餡」「求肥入りこし餡」「抹茶餡」「胡麻餡」が入り、1個で4つの味を楽しめるのが特徴だ。

これは戦後、初代の小原為次郎が地元へ貢献したいという思いから考案されたもの。大きさは、直径170㎜、厚さ22㎜。表装紙には「日本一大型」とある。そうなると確かめたくなるのが人情というもの。そこで、三大最中の体積を比較してみた。直方体ではないので正確に算出するのは難しいが、体積はやはり羽幌が勝っていて、重さもなんと320g。「北海道一大型」なことは、間違いないようだ。

地域の歴史と風土が育む
郷土色豊かなお菓子

道内各地の最中を求めて旅を始めてみると、思わぬ出合いがあり、おもしろいやら戸惑うやら勉強になるやらで、気分は自然にハイになる。〝お菓子の国〟とも称される十勝地方は、豆類やビート、牛乳など、菓子食材の一大生産地。それだけに地元菓子店の店主たちも、菓子作りに前向きに取り組んでいる。

帯広市を除く十勝圏の菓子店が参加する「十勝菓商研究会」もその一つ。清水町の「静月」に立ち寄った際、ご主人の只野敏彦さんと話したが、その言葉からは気負いのない熱意が伝わってきた。

と同時に、いろいろな発見もできた。カラフルな個別包装、ネーミングの由来、お菓子の特徴などからは、静月の製品と清水町の深い結びつきが見えてくる。これこそ、地域に根ざした菓子屋の真骨頂だろう。

例えば、静月で作る菓子の名を挙げてみる。「日勝サブレー烏帽子岩」「恋の日勝峠」「狩勝峠」「第九のまちしみず」「うっちゃんまんじゅう」「山小屋」「やまべ最中」、そして清水町の開基百年を記念した「ふんわりぶっせ」など。その名の通り、お菓子の一つひとつが、地域の歴史と風土に寄り添って生まれてきた。

昭和44（1969）年創業の静月にとって、ホームグラウンドは清水町だが、同時に十勝全域がふるさとでもある。前出の菓商研究会では、20年前に「躍進十勝」と「トテッポー」という、郷土色豊かなオリジナル菓子を15軒共同で創製した。すでに製造をやめた店もあるが、只野さんは餡を独自のものに変えて、今も作り続けている。

写真上は「静月」（清水町本通2−5、☎01566・2・2203）の店舗。中はオリジナル商品「日勝サブレー烏帽子岩」、下は十勝菓商研究会が共同で開発した「躍進十勝」の静月版

同じ種皮から生まれるさまざまなバリエーション

その後、十勝の菓子店を食べ歩きしてみると、見たことも聞いたこともないお菓子が次々に現れる。気がつくと、車の後部座席は菓子袋で溢れていた。とても食べ切れる量じゃないと思いながら、ホテルの部屋で一つずつ開けはじめた。

いくつか食べたところで、手の動きが止まる。現れたのは、幕別町「あらかわ菓子舗」の「あきあじ最中」。昭和初期から営むこの店は、「赤飯まんじゅう」「パンダ焼」などユニークな菓子を手がけている。

　その「あきあじ最中」の横に、「やまべ最中」（清水町・静月）を並べてみる。12cmの体長や見た目は瓜二つ。同じ型を使っているのだ。以前、寿都で出合った「鮭最中」（千秋庵菓子舗）も同じ。最中旅では、〃あわび系最中〃〃茅葺き民家系最中〃など、同様の出合いは多い。

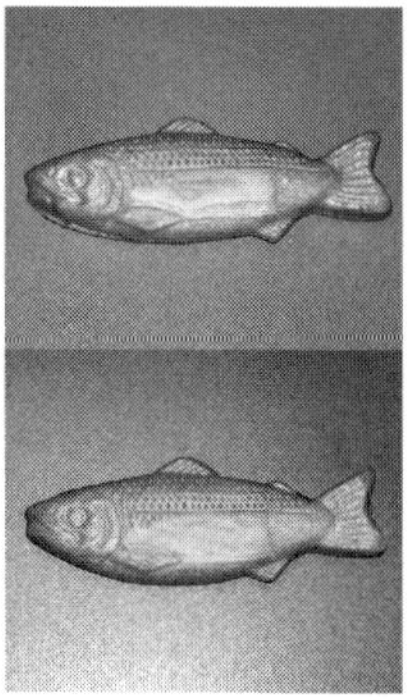
上が「あきあじ最中」（幕別町・あらかわ菓子舗）、下がやまべ最中（清水町・静月）

　大都会となった札幌では、そうした地域色ある最中などないと思い込んでいた。ところが、発寒商店街にある「美よし乃餅店」では、地域色ある「手稲の山最中」を作っている。裾野が広がる三角形の最中を見ていると、半世紀以上見慣れた手稲山の稜線が目に浮かぶ。

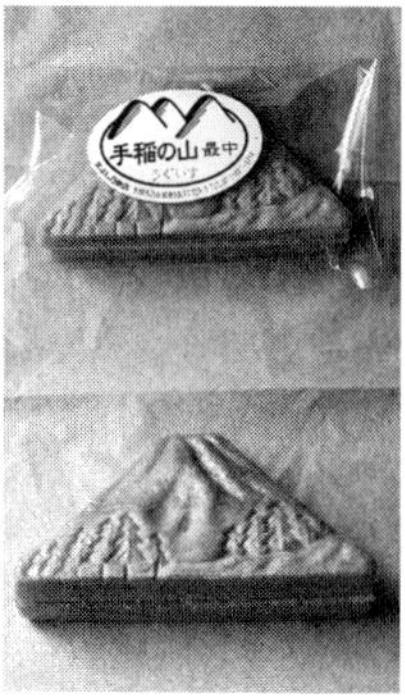

手稲の山最中（札幌市・美よし乃餅店）

　旅先の地で、その地域の名山を象ったお菓子は見てきたが、身近にある山が最中になるなど思いもよらなかった。店主の武田順一さんに、その由来を聞いてまたびっくり。「山の最中を出そうと考えていて、実家にあることを思い出したんです」。

　武田さんの実家は、富良野で和洋菓子の店を営むが、店には「芦別岳」という最中があった。その種皮を使って生まれたのが「手稲の山最中」で、種皮は小樽の種万青坂商店に注文している。人だけでなく最中の皮も、縁を結びながら旅している。

その味わいに加えて、種皮の意匠などに工夫を凝らした、地域色豊かな最中は、その数だけ出合いの喜びを与えてくれる。ここから先は、それぞれの最中旅をお愉しみあれ。

道内の個性派最中たち

◇植物系最中
「べかんべ最中」（美唄市・長栄堂）
「小菊最中」（札幌市・千秋庵）
「昆布最中」（森町・七福堂）
「どんぐり坊やもなか」（石狩市浜益区・ふじみや製菓）
「ゆり最中」（乙部町・富貴堂）
「ラワン蕗最中」（足寄町・松月堂）
「めーぷるもなか」（芽室町・まさおか）
「柳もなか」（帯広市・柳月）
「札幌自慢（大輪菊）」（札幌市・千秋庵）
「えぞ山桜の里」（長沼町・森下松風庵）
「円山櫻」（札幌市・嘉心）
「こめつぶ最中」（札幌市・米屋）
「くるみ最中」（札幌市・一力）

◇物品系最中
「ひとつ鍋」（帯広市・六花亭）
「壺もなか」（旭川市・壺屋総本店）
「パークゴルフ最中」（幕別町・杉野菓子店）
「北灯」（北見市・大丸）

◇人物系最中
「弁慶」（寿都町・わかさや老舗）
「高田屋嘉兵衛最中」（函館市・千秋庵総本家）

◇アレンジ系最中
＊種皮と餡が分かれ、自分で作って食べるタイプ
「お手づくり最中」（洞爺湖町・わかさいも本舗）
「パリパリ最中」（帯広市・柳月）
＊椀に最中を入れて湯を注ぐと汁粉になる
「懐中汁粉」（旭川市・壺屋総本店）

◇その他
「屯田吹雪」（滝川市・長井製菓／茅葺き民家）
「四季の宴」（名寄市・喜信堂／「花」「天」「月」「雪」の文字）
「みのり太鼓」（栗山町・前田菓子舗／郷土芸能）
「雪だるま最中」（安平町・和道堂／雪だるま）
「セメンぶくろ」（上磯町・末広軒／セメント袋）
「坑木最中」（夕張市・うさぎ屋菓子舗／坑内で支柱に使う木材）
「小倉もなか」（札幌市・みつや／巴マーク）

伝統を踏まえた創意と工夫

V. 昭和後期（成長期）のお菓子

confectionery graffiti in Hokkaido

全国へ躍進する
ローカル色豊かな北のお菓子

昭和40年代前半●根室市

オランダせんべい

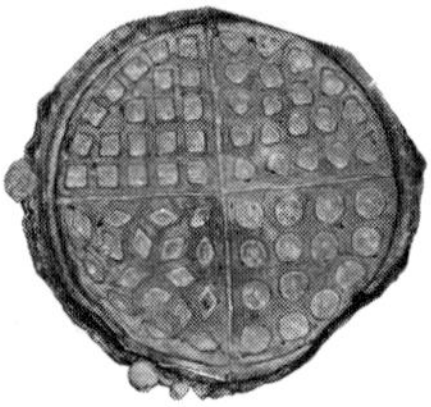

●製造　㈱端谷菓子店
●住所　根室市千島町2－11
●電話　（0153）23－3375
★オランダせんべい（4枚入り）　240円
★ピーナツせんべい（17枚入り）　240円
★ごま塩せんべい（17枚入り）　240円

ふにゃふにゃと柔らかい根室名物

「オランダせんべい」と聞くと、最初に江戸時代の長崎に築かれた人工の出島を思い浮かべてしまう。だがこのお菓子は、オランダはもちろん、長崎・平戸からも遠く離れた北海道東端のまち、根室の名物として息づいてきたものだ。しかも煎餅を名乗りながら、パリッとした歯応えとは対極のふにゃふにゃの食感が特徴というから、頭の中ははてなマークに占拠されてしまう。

根室でオランダせんべいを手がけてきた端谷菓子店は、昭和23（1948）年に端谷秀雄さんが開業したうどんの製麺所に始まる。石川県で素麺やうどんを作っていた叔母から、うどん作りの機械を譲り受け、見よう見まねで開いたそうだ。

配給の粉と交換で生うどんを渡していたが、店が配給統制から外され、商売に行き詰まってしまう。そこで、昭和25年に八戸から煎餅を焼く機械を取り寄せ、南部煎餅を焼いて売る「端谷菓子店」に衣替えする。これが大当たりし、夜明け前から夜中まで焼き続ける日々が始まった。

オランダせんべいを作るきっかけは、知人の勧めだった。秀雄さんの記憶によると、根室には少なくとも戦時中から、オランダせんべい店があっ

食べる者の想像力をかき立てる、独特の名前と食感で一躍人気に。根室の端谷菓子店（右下）は、札幌にも支店を持つ。中央は鮮やかな橙色のロゴが目をひく、シンプルなデザインのパッケージ

たという。端谷菓子店が作りはじめたのは、昭和42年頃のことで、他所と同じように4分割の表面に靴底のような模様が圧された型を使った。

袋のデザインは昔から変わっていない。勢いのある文字と煎餅を象った模様が、鮮やかなオレンジで印刷されている。意匠は袋問屋に器用な人がいて、考案してくれたそうだ。

謎解きが楽しい根室と平戸の関係

それにしても、オランダせんべいは話題性に富むお菓子だ。その理由は、煎餅と名乗りながら柔らかいこと、そして、その大きさもある。柔らかさだけなら「ぬれ煎餅」があり、大きさだけなら「草加煎餅」がある。でもその両方を兼ね備えた煎餅は、日本でもおそらくこれしかないだろう。

直径およそ14㎝の円盤形で、厚さは約7㎜。ちぎりやすいように4分割された表面には、それぞれに異なる模様が並ぶ。柔らかいがそう簡単には噛み切れない粘り腰を、ゆっくりゆっくり噛みし

めながら、時間をかけてにじみ出るうまみを楽しむ。それはスルメの味わい方にも似ている。

作り方は、小麦粉に砂糖や黒砂糖をまぜ重曹を加えたものを、鋳物の型に流し込む。それが機械の中で回転する間に、煎餅が焼ける仕組みになっている。煎餅の出来は天候によって左右され、湿度が高いと柔らかく、乾燥していると固めになるため、そうならないための工夫が必要だ。

オランダせんべいのルーツをいろいろ探ってみると、平戸に似たような煎餅があることがわかった。調べてみると、製造するのは平戸市内にある江代製菓で、今は3代目の江代光男さん（昭和24年生まれ）が煎餅を焼く。その名も「オランダ煎餅」といい、直径7㎝ほどの小ぶりの煎餅で、根室のオランダせんべいとは形も違う。

だが、江代製菓にはもう一つ「おらんだ焼」というのがあって、これが根室のオランダせんべいにそっくりなのだ。直径が約16㎝と少し大きめながら、表面に刻印された4つに分かれた文様のパターンなど、見た目は瓜二つといっていい。

しかし、名称の微妙な違いもさることながら、大きく異なるのは両者の堅さだ。根室のしっとりシナシナに対し、平戸の方はしっかりカリカリに焼き上げられた、まさに「煎餅」なのである。江代製菓は、創業からすでに１００年近くになる老舗の煎餅屋で、おらんだ焼は昭和30年代から作りはじめているという。

日本列島の南西端の町と北東端の町。いくつもの共通点を持ちながら、伝えられる過程の中で、いつどのように決定的な違いが生まれたのだろうか。真相はわからないが、平戸の江代光男さんがその味と煎餅の継承に誇りを持つように、根室の端谷秀雄さんの自信も揺るぎない。

「オランダせんべいは、名前や形が珍しいから買いにくるわけじゃないんです。おいしいからくるんです。おいしくなければ、名前やかたちだけ真似しても、お客さんは離れていくはずです」

そこには、重ねた歳月への自負がにじんでいた。

昭和41（1966）年●函館市

やきだんご

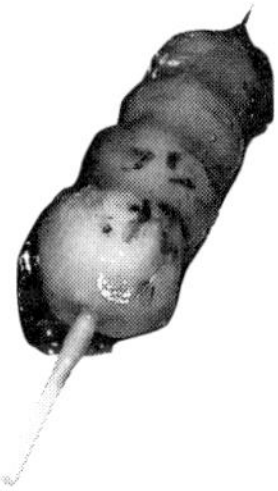

●製造　㈲銀月
●住所　函館市湯川町2－22－5
●電話　（0138）57－6504
★やきだんご（1本）94円
★べこもち（1個）115円
★大福餅（豆大福・草大福、各1個）115円

焼いた団子を醤油ダレで味つけ

函館の湯の川温泉は、都市型の温泉街で、早朝から営む温泉銭湯が何軒もある。函館に行くと必ず足を向けるので、どの銭湯も筆者には思い入れの深い場所だ。中でも、ご主人が文化としての銭湯のあり方を意識し、子どもの体験入浴などさまざまな活動を展開する「大盛湯」、湯治場としての温泉銭湯の風情を現在に伝える「山内温泉」には、とりわけ強い思いを抱いてきた。

そのすぐ近くにある「銀月」には、北海道で耳慣れない〝焼だんご〟がある。函館に行くたび、貼り紙の文字を横目に眺めて銭湯に通うことが10年も続いた。不思議なもので、食べるタイミングを逸し続けた結果、銀月の名を思い浮かべるだけで、「なんて団子屋にふさわしい名前だろう」とイメージが一人歩きするようになったほどだ。

そんな幻の団子にようやくありつけたのは、大盛湯で開かれた銭湯イベントの帰り道だった。初対面した団子の表面は、透明感のある醤油ダレで覆われ、その飴色のタレを通して濃い焼色が浮き上がる。その焦げた色合いが、一段と食欲を刺激するのだ。団子には余計な味つけがされず、団子そのものの味を楽しむことができた。

店主の谷地正芳さんは昭和10（1935）年、亀田村（現函館市）の農家に生まれた。中学を卒業後、函館の駄菓子店で働くが、専門的な技術を身につけようと、同35年に東京の江戸川にある餅菓子屋「松月堂」へ入る。それまでは団子の作り方も知らなかったが、毎日接するうちに、函館へ帰ったら団子の店を開きたいと考えるようになった。そして函館へ戻り、2年ほど餅屋で働いた後、同41年に独立。同60年頃、現在地へ移転している。

銀月という店の名には、谷地さんの思いが込められている。銀という字のつくりを良の字と較べると、上の点が一つない。そこには、少し控え目にやっていこうという、谷地さんの姿勢が重ねられているのだ。さらにその後ろを、団子の道を開いてくれた松月堂の「月」が支えている。

3種類の上新粉を使い生む味わい

開店の時から、焼いた団子を醤油で味つけした「やきだんご」を看板にするのは、修業した松月堂の団子が焼だんごだったため。しかし、北海道ではこれが珍しかった。道外では敢えて焼だんごと銘打たなくても、東京の羽二重団子や京都下鴨神社のみたらし団子を始め、醤油味の団子といえば焼いたものの方が多いからだ。

また串団子は、1本の串に団子が3個のものもあるが、東京など関東圏の有名店では4個、京都や岐阜などでは5個のものもある。ちなみに北海道では、1本に4個のタイプが圧倒的に多い。

銀月といえば、醤油味のやきだんごで知られるが、ほかに餡やゴマもあり、冬季限定のきなこや春限定のよもぎ団子など季節の団子も登場する。こし餡は市内の製餡所で銀月専用の生餡を作ってもらい使用。また団子の生地には、3種類の北海道産上新粉を合わせたものを使い、独自の味わいを生み出している。

仕事は普段、朝6時から始めるが、筆者が訪れたのは3月下旬の卒業シーズン。卒園式に出す饅頭200個を、応援を頼んで朝4時から作ってい

温泉と団子のイイ関係は、漱石作「坊ちゃん」の世界だけではない。函館の湯の川温泉には、かつて何軒も団子屋が。その歴史を受け継ぐ「銀月」は、北海道では珍しい焼だんごを販売

た。こうした式典で使う饅頭の注文は、最盛期からみると10分の1に落ちている。売り上げも平成の最初の10年と較べて、3分の1ほど減ってしまった。これはお菓子の種類が増えたことや、昨今は洋菓子に押されていることに加え、大手菓子店が函館に進出した影響も少なくないという。

函館の餅菓子屋は、谷地さんが知っているだけで、全盛期の約3分の1が廃業した。子どもに継がせない店が多いためだが、銀月では7年前に次の代に引き継いでいる。餅菓子屋の仕事は重いものを扱うことが多く、年とった体にはかなりきつい。そこで、長女の夫で会社員だった山田敏さん（昭和41年生まれ）を口説き落とし、店を手伝ってもらうことになったのだという。

やきだんごの値段は、創業した昭和41年に1本20円だったのが、現在は94円。帰りがけにやきだんごを買おうとしたら、すでに売り切れだった。残念だったが、そこから変わらぬ人気のほどが伝わってきた。

昭和43（1968）年●函館市

天狗堂宝船《てんぐどうたからぶね》のきびだんご

●製造　㈱天狗堂宝船
●住所　七飯町字中島205－1
●電話　（0138）66－3200
★日本一きびだんご（1本）　40円
★くるみ餅（1本）　100円
★黒蜜きなこ餅（1本）　100円

北洋漁業の漁船員たちが重宝

きびだんごを食べまくるハシゴなら、また機会があるかもしれない。でも、きびだんごメーカーのハシゴは、その時が最初で最後になった。

春分の日を過ぎたばかりの夕刻、国産製菓（平成23年に製造から撤退、p85参照）を出て七飯町の「天狗堂宝船」（以下天狗堂）へ向かった。北海道に「きびだんご」を製造する会社は3つあった（現在は2つ）が、その中で天狗堂は最も後発だ。とはいえ、会社自体は昭和28（1953）年創業というから、すでに半世紀を超えている。

創業者の千葉正三は、旭豆、みそパンなどなんでも作れる菓子職人だった。しかし、回転率の高いものを作ろうと、カステラの製造に力を入れる。創業時は「天狗堂製菓」としてスタート。天狗は鼻が高い。だからその鼻が折れないよう、偉ぶらずにやるという戒めの心が込められている。

ところが、この屋号は他所で使われていたため、昭和43年になって天狗堂宝船に変更、同時に「天狗堂宝船のきびだんご」の製造も始めた。カステラは夏場になると傷みが早いため、夏にも強いきびだんごにシフトしたのである。当時のきびだんごは、1本10円だった。

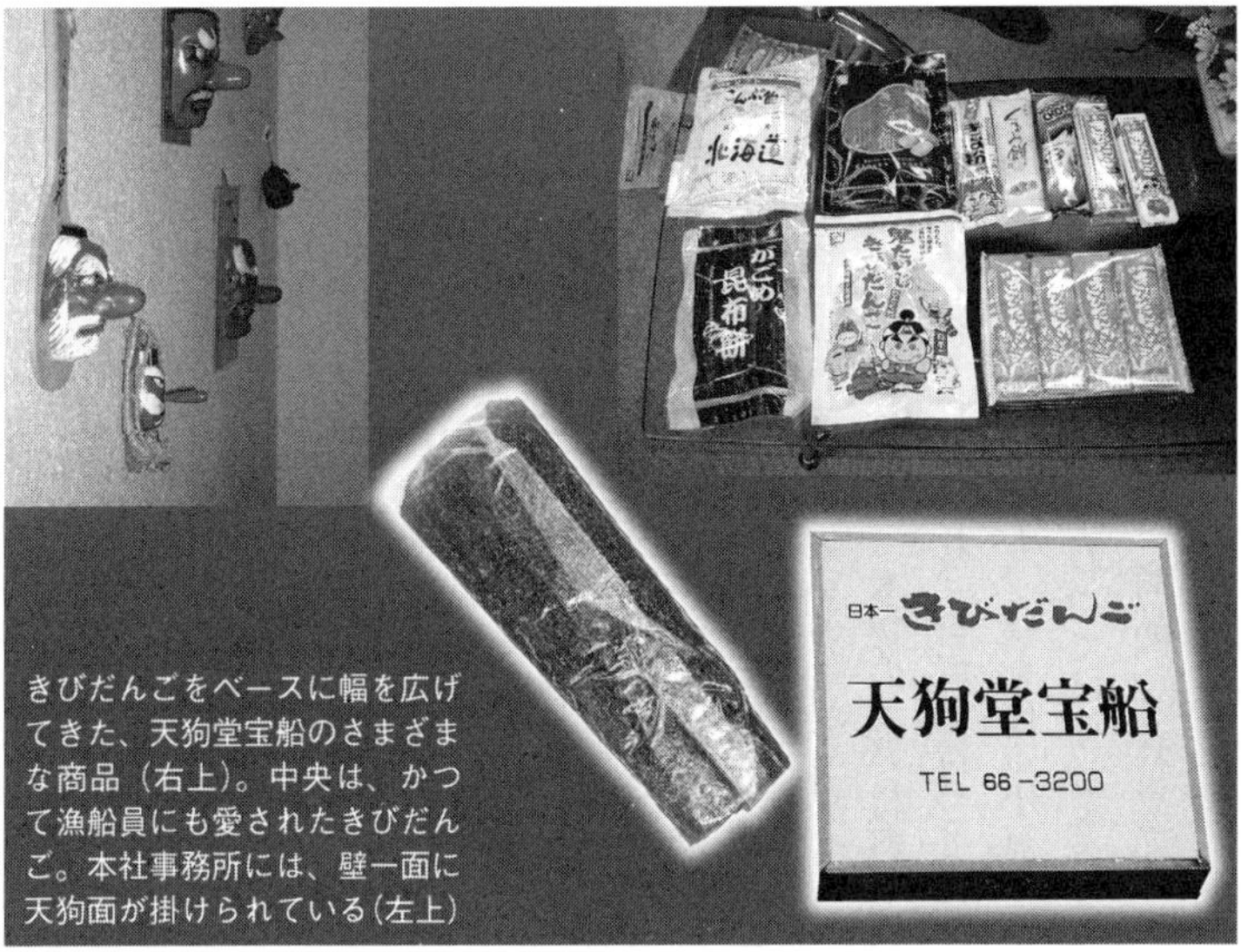

きびだんごをベースに幅を広げてきた、天狗堂宝船のさまざまな商品（右上）。中央は、かつて漁船員にも愛されたきびだんご。本社事務所には、壁一面に天狗面が掛けられている（左上）

かつて函館は、北洋船団の基地として大いに賑った時代がある。当時、日持ちのよいきびだんごは漁船員たちに重宝され、半端ではない数の注文が入ったという。その需要が北洋漁業の衰退とともに消え、新たな市場を開拓し、販路を全国に向ける必要が生まれる。そこで、天狗堂宝船では昭和50年代から本州に進出し、コンビニエンスストアなどにかなりの数を卸すようになり、平成20年4月からは沖縄でも販売を始めている。

安全、安心な材料にこだわり

「関東の人は、北海道から進出したこの形態のきびだんごが、本来のきびだんごだと思っているかもしれません」と4代目の仁さん（昭和43年生まれ）。これまでも、「鬼たいじ一口きびだんご」の名で節分の時だけお面付きで販売してみたり、ひな祭りには特製のパッケージを作ったりと、いろいろ試してきた。

しかし、思惑が外れることも少なくないため、

「きびだんご自体は1種類あればいい」と考えるようになったという。そこで最近は、従来のきびだんごをベースに、北海道の素材を使った商品を開発している。例えば、熊石の海洋深層水から作った自然海塩による「塩餅」や、南茅部産の真昆布を練り込んだ「昆布餅」、さらには札幌の蔵元である日本清酒と提携した「千歳鶴甘酒餅」など、多様な製品を手がけている。

このように、駄菓子というよりは和菓子としての餅菓子に、高級感を加味しながら新製品を開発。その一方で、「昔懐かしい商品」を売りに展開しているきびだんごについては、昔ながらの紙の包装をこれからも続けていくという。

原材料は昔と変わらない。本物のよい材料を使うことで、安心して食べられ、自信を持って売れるものを作る。そのためにも、餡を作る小豆や砂糖などは、北海道産にこだわっていくつもりだ。「お菓子は別になくてもいい商品。それを売るには、いかにおいしいと感じてもらえるかにかかっています。北海道には全国各地の人がきていて、いろんな味を知っているからこそ、既存のものにしばられずアレンジすることができました」

きびだんごをベースに商品の幅を広げてきたが、その基本は本物を使うこと。きなこ餅やくるみ餅の場合も、それぞれ本物のきな粉や胡桃を使うことで付加価値をつけてきた。また、同じきびだんごでも、スーパーに5本入りパックを卸すと、半生菓子のコーナーに置かれてしまう。そこで、1本ずつバラで卸し、子どもの目にとまる駄菓子コーナーに置いてもらうなど工夫を凝らしている。

函館には、昭和20年代から30年代にかけて、全国レベルの菓子メーカーがひしめきあい、きびだんごを製造する会社もたくさんあったという。その中で、天狗堂は早くから本州に目を向け、問屋とのつながりを強めてきたことが、これまで功を奏してきた。

事務所の壁には、天狗の面がいくつも掛けられている。偉ぶらず、慢心することなく。この初心を忘れないように、という戒めなのかもしれない。

昭和43（1968）年●帯広市

ホワイトチョコレート

●製造　六花亭製菓㈱
●住所　帯広市西24北1－3－19
●電話　（0120）012－666
★板チョコ・ホワイト（1枚）　130円
★板チョコ・モカホワイト（1枚）　130円

日本初の真っ白なチョコレート

叔父がお土産に持ってきてくれたのが、最初の出合いだった。昭和40年代半ばのことである。「ホワイトチョコレート」（以下ホワイトチョコ）と言われても半信半疑だったが、開けると本当に白いチョコレートが入っていた。ミルク味だけれど、ミルクチョコとは違う。何しろ白いのだ。その頃、チョコレートにあまり興味はなくなっていたが、それでも気に入って、気がつくと2枚、3枚と食べ続けていた。

日本初のホワイトチョコが「帯広千秋庵」から発売されたのは、昭和43（1968）年のこと。前年にヨーロッパを視察した小田豊四郎が、チョコレート作りに取り組んだことがきっかけだった。ヨーロッパやアメリカでホワイトチョコが販売され始めたのは、1950年代半ばのことだ。

作り方は、基本的に従来のチョコレートと同じ。原材料も、糖分やココアバター、乳固形分を使っている。あの白さは、ココアバターから苦味となるチョコレート色の部分を除き、牛乳をたっぷり使うことで生まれる。実は、当時の帯広千秋庵には、まだチョコレート製造の技術がなかった。そこで、高い技術力を持っていた松田兼一の指導を受け、ホワイトチョコを完成させている。

帯広千秋庵は昭和8年、札幌千秋庵（p94）にいた岡部勇吉が暖簾分けで開業。勇吉は、札幌千秋庵を創業した岡部式二の弟にあたる。が、勇吉が体調を崩したため、札幌千秋庵で働いていた甥の豊四郎が、昭和12年に経営を引き継ぐ。

その頃の帯広の店舗は、1階が売り場、2階は喫茶室という3階建てのモダンな建物だったが、経営は厳しかった。帯広には明治から続く老舗の菓子店が多く、しかも地元にしっかり根づいていたからだ。ある時、豊四郎は大量の砂糖を買い込むが、これが転機となる。その直後に発生した日中戦争の影響で、砂糖は配給制となり、砂糖を使ったお菓子が飛ぶように売れ出したのである。

豊四郎にとって最初のヒット作は、昭和27年に帯広市の開基70年・市制施行20年記念として創案を依頼され、生まれた「ひとつ鍋」だ。これは、十勝平野の開拓に貢献した依田勉三の句「開墾のはじめは豚と　ひとつ鍋」にちなんだもの。要するに、鍋の形をした最中である。

児童詩誌などを通じて文化に貢献

最初、ホワイトチョコへの反応は、芳しいものではなかったという。だが、当時の国鉄による「ディスカバージャパン」キャンペーンなどで次第に知名度を上げ、昭和48年になって大ヒット。さらに、ホワイトチョコにバターやレーズンなどを混ぜ、クッキーにはさんだ「マルセイバターサンド」を同52年に発売。「白い恋人」と並ぶ、人気の北海道土産となっている。

こうした上り調子の中、店名をめぐり決断を迫られる時がきた。というのも、帯広千秋庵は十勝を中心とするエリアでしか商品を販売できなかったからだ。そこで豊四郎は、昭和52年に暖簾を返上し、店名を「六花亭」に変更。札幌や千歳空港などでも商品を販売する道を選んだのである。その後は、道内各地に店舗を展開し、一大菓子メーカーへと成長している。

筆者にとって六花亭といえば、このホワイトチョコ。時期になると、クリスマスバージョンの包装も登場する。札幌・真駒内にある「六花文庫」（右下）は、北海道のお菓子文化の厚みを具現

六花亭といえば、文化活動への熱心な取り組みでも知られてきた。例えば、十勝の小中学生による詩を掲載した児童詩誌「サイロ」を、昭和35年から刊行。平成22年には、創刊50周年を迎えている。さらに平成4年には、十勝の中札内村に「坂本直行記念館」をオープン。豊四郎と交流のあった坂本直行は、六花亭の包装紙デザインや、「サイロ」の表紙絵などを手がけた画家だ。

また、札幌・真駒内にある「六花文庫」は、食に関する本を読みながら、コーヒータイムを楽しめる食文化のブックスペース。歯科医院だった建物を再生させた施設で、魅力的な空間の中、専門知識を持つスタッフも配していて、北海道の食文化に大きく貢献している。

東京には虎屋の「虎屋文庫」、金沢には諸江屋の「落雁文庫」があり、どちらも古くから続く老舗の取り組みだ。場所はどこであれ、文化の担い手として菓子屋が果たす役割は大きい。自らの足元を見つめ、文化を育んでもらいたい。

昭和43(1968)年●帯広市

三方六《さんぽうろく》

●製造　㈱柳月
●住所　音更町下音更北9線西18-2
●電話　(0120)25-5566
★三方六(1本)　580円
★開拓三方六メープル(1本)　680円
★開拓三方六しょこら(1本)　680円

日本人好みのしっとりバウム

バウムクーヘンは、ドイツの伝統的なお菓子。バウム=木、クーヘン=ケーキ、直訳すると「木の菓子」で、日本人にも馴染みが深い。見た目はどれも同じに見えるが、その味はメーカーごとに驚くほど違う。コクやうまみ、しっとり感や生地の密度など、百本百様といっていい。その中でも、独自の世界を創り出しているのが「三方六」だ。

「柳月」は昭和22(1947)年、田村英也が本店のある現在地に、柳月製菓としてアイスクリーム工場を建てたことに始まる。夏場はアイスキャンデーを木箱に入れ自転車で売り回ったが、冬場の売り上げ減対策としてお菓子の製造に着手する。とはいえ、英也は菓子作りについてまったくの素人だったので、腕のある職人を東京や京都など国内にとどまらず、フランスやドイツなど外国からも呼び寄せて、技術の習得につとめたという。

その成果は昭和26年、羊羹の上に糖蜜をかけた「十勝石」に結実。さらに、本場ドイツから招いた職人の指導でバウムクーヘンの開発に取り組んだ成果が、同43年に発売した三方六だった。開発のスタートが同35年頃というから、要した歳月の長さをみても志の高さが伝わってくる。

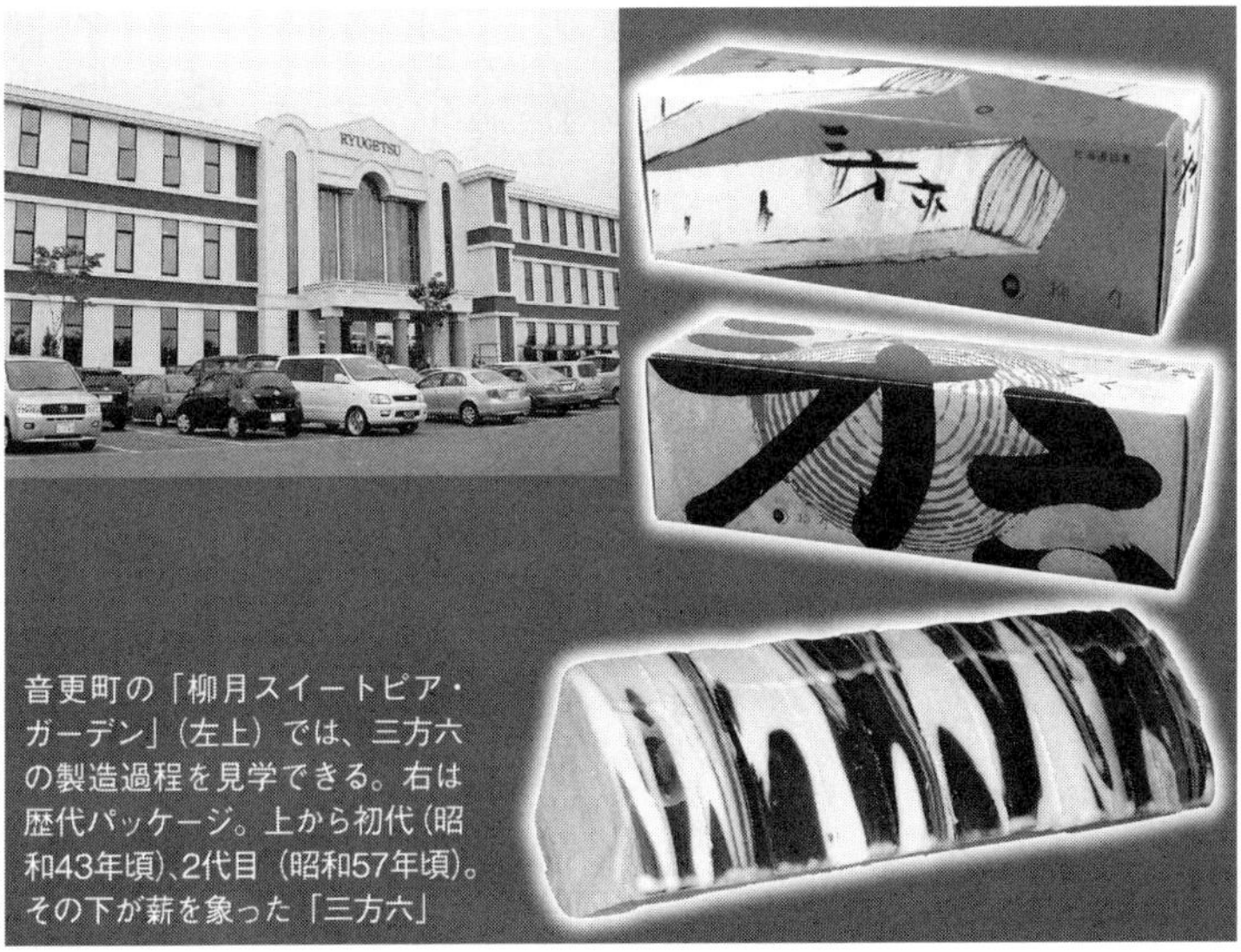

音更町の「柳月スイートピア・ガーデン」（左上）では、三方六の製造過程を見学できる。右は歴代パッケージ。上から初代（昭和43年頃）、2代目（昭和57年頃）。その下が薪を象った「三方六」

英也はスタッフらと、日本人の口に合う菓子作りを目指した。例えばスポンジ生地の場合、日本人はパサついた感じより、しっとりした舌触りを好む。そこでまず、生地にふわっとした柔らかさを出すために、小麦粉に加える卵の割合や砂糖の量を多めにした。さらに、オーブンでじっくり蒸し焼きすることで、カステラに残る水分の含有量を上げたのである。そして、そのしっとり感こそが、柳月のお菓子の真骨頂ともいえるのだ。

丸太を割ったような形は、かつて十勝に限らず北海道の厳しい冬に欠かすことのできなかった、暖房用の薪を模している。名前の由来は、昔、鉈で丸太を割る時に、薪の三方をそれぞれ6寸（約18cm）にしていたことから。つまり三方六の名は、薪割りの基準となるサイズにちなんでいる。

木の表面にあたる曲面部分には、墨を流すようにホワイトチョコレートとミルクチョコレートがマーブル状にコーティングされている。その紋様には、シラカバの樹皮を思わせる素朴な趣があり、開拓の歴史と北国の暮らしをモチーフにしたお菓子にふさわしい風情をみせている。

地場産の小麦で菓子作りが目標

平成13年、柳月は音更町に「柳月スイートピア・ガーデン」をオープン。1階に売店などがあり、上階に行くとガラス越しに工場内の様子を見学できる施設だ。三方六は木の芯棒に小麦粉や砂糖などで作った生地を塗り重ね、それを回転させて厚みをつけながら焼き上げる。その際、太さを一定にするため、ゆっくりと回しながら自然乾燥させていく。

作業風景を眺めていると、最後に下からせり上がってきた丸太状のバウムクーヘンが、上りきった瞬間、従業員の手の中でぱらりと8つに割れた。それは達人の薪割りを見るような鮮やかさで、筆者の目はその一点に釘付けになってしまった。

また、独特のしっとり感を出すために、生地の水分を多くしているが、こうすると日持ちが悪くなる。そのため、三方六の賞味期限は、他のメーカーが作るバウムクーヘンに較べて半分ほどしかない。でもそれは、日本人が喜ぶ味を提供するために必要なことなのだ。

ここで作られる三方六には、平成17年から音更産の「ホクシン」という小麦を使ってきた。本来、スポンジ用の小麦粉は、弾力性の低い薄力粉を使い、ふんわりと焼き上げる。ホクシンはうどんなど麺に使われる中力粉で、耐寒性や耐病性にすぐれ、収量も安定している品種だが、これで菓子を作ると団子のようになりやすい。

しかし、地場産の小麦を使うお菓子が目標の柳月では、江別製粉に依頼して、ホクシンから弾力性の少ない小麦粉を作ってもらうことに成功。道産の素材と技術が、しっとりした密度ある生地を生み出した。なお現在使う小麦粉は、新品種の「きたほなみ」に切り替えられている。2代目の田村昇社長は、今後、十勝の小麦でお菓子を作る構想を抱いているというから期待したい。

昭和44（1969）年●留萌市

にしんパイ

木箱から顔をのぞかせるニシン

初めて「にしんパイ」の菓子箱を見た時の驚きは、今でも忘れられない。荒縄に見立てた紐を解き、往年のニシン漁の様子が描かれた掛け紙を外す。するとその下から、魚を入れるトロ箱が現れたのだ。格子状のフタのすき間から、袋に小分けされたニシンが顔をのぞかせている。木箱の横には、くっきりと「留萌名物にしんパイ」の焼印。その木箱が積み重なる光景は、かつての浜の活気を彷彿とさせた。それが、留萌市「一久庵」の名物菓子「にしんパイ」である。

●製造　一久庵
●住所　留萌市住之江町1
●電話　（0164）42－2740
★12枚入り　966円
★18枚入り　1386円

日本海に面する北海道の沿岸には、かつてニシン漁で湧き返った時代があった。江戸時代から明治にかけて、上方からは北前船と呼ばれる廻船《かいせん》が、金肥と呼ばれた魚肥を買い付けにやってきた。魚肥は綿花や藍などを栽培するための肥料として重宝されたが、そこでもて囃されたのがニシン粕の肥料だったのだ。

ニシン漁は、全道各地にさまざまな文化とその痕跡を遺す。例えば、鰊御殿とか番屋と呼ばれる建築物群がそれで、中でも明治38（1905）年頃、花田家によって建てられた小平町の「花田家番屋」がよく知られる。その隣町が留萌だ。大漁に湧いたニシン漁も、昭和32（1957）年に突如として日本海での終焉を迎える。それから十数年を経た昭和44年頃、留萌のまちで生まれたのが、にしんパイだった。

一久庵の初代高田邦雄さん（昭和17年生まれ）の父・由己は、福島県の郡山から小平町の達布に入り畑仕事などをしていた。やがて、留萌の市街地で高田商店を開き、ニシンなどの加工を始める。その店は兄弟が継ぎ、邦雄さんは札幌の菓子店「塩路屋」に修業に入った。そこで餅などの朝生や和菓子、ケーキなど幅広い技術を習得。さらに、美唄や岩見沢、旭川などの菓子屋を渡り歩き、父親の力添えで昭和40年に留萌で独立を果たす。

最初の店舗からのちに場所を移し、現在地には平成5年夏に新築オープン。岩見沢に同じ屋号の和菓子屋があるので、どんな関係かと思ったら、邦雄さんの友人が営む店で、その名をもらったそうだ。当初は、饅頭や草しんこなどの和菓子から始め、2、3年後にケーキも扱うようになった。「好まれるものは地域によって違います。留萌では結局、朝生からケーキに移っていきました。でも、和菓子は細かい手仕事が多いから、和菓子の職人はケーキも作れるんですよ」と邦雄さん。

歯切れのよいさっくりとした生地

また、お菓子の売り上げは夏場に下がる。それを補うために考えたのが、土産菓子だった。

「地元に合う菓子を考えて、昔はよく獲れたニシンに行きあたりました。昔から、『名物にうまいものなし』と言われるけれど、それじゃダメ。とにかく、おいしいものを作ろうと思いました」

ニシンの姿をしたパイにすることを決めた際、重視したのがパサつかないための工夫。30cm×40cmのパイ生地を、三、四、三、四と折り重ねてゆくのだが、その折りをもう1段増やしてみた。すると、生地に求めていたさっくり感が生まれたという。実際、齧るとたちまち崩れてしまうパイがよくあるが、にしんパイは生地がしっかりと重なり

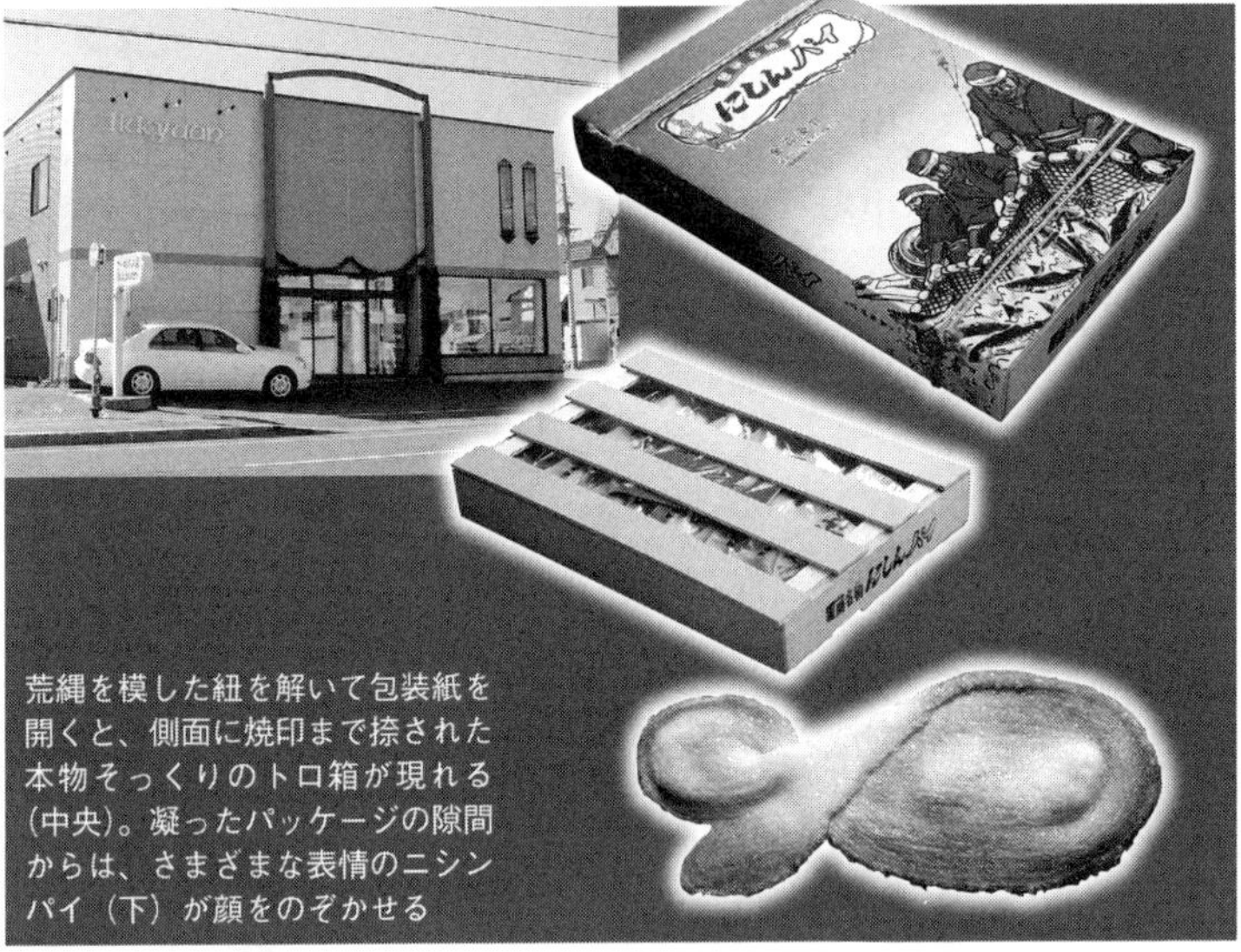

荒縄を模した紐を解いて包装紙を開くと、側面に焼印まで捺された本物そっくりのトロ箱が現れる（中央）。凝ったパッケージの隙間からは、さまざまな表情のニシンパイ（下）が顔をのぞかせる

あって歯切れがよい。同時にバターの香ばしさが、ふんわりと口の中に広がる。

パイは型を使わず、すべて手作りしている。だから、「美しい形になったと思うのは、自分でも半分から3分の2程度」と邦雄さん。にしんパイにも1尾ずつ個性があるわけで、食べながらそれぞれの表情を見較べるのも楽しい。

最初は紙箱だったパッケージだが、昭和47年頃からトロ箱を模した木箱を使用。ニシンのお菓子にふさわしいパッケージで、再デビューを果たしている。ちなみに、「にしんパイ」の名で商標を取ろうとしたら、できなかった。「留萌のにしんパイ」のように、何か特化できる単語をつければ良かったが、それはしたくなかった。

「そのお蔭で、留萌土産というだけでなく、北海道土産としての広がりを持つことができたように思います。ニシンを獲っていた時代のことを、この菓子を通してずっと伝えて行きたいですね」と高田さんは思い入れを語ってくれた。

昭和46（1971）年●札幌市

ホワイトごま餅《もち》

●製造　美よし乃餅店
●住所　札幌市西区発寒5－3－9－5
●電話　（011）661－6714
★ホワイトごま餅　100円
★ドーナツ（こし餡）　90円
★ワッフル（かぼちゃ・ラムレーズン）　各100円

タダモノでない白ゴマと餅の相性

札幌市西区にある発寒商店街は、JR発寒中央駅と地下鉄東西線発寒南駅を結ぶ通り沿いに広がる商店街。そこを通りかかった際、気になる張り紙が目に飛び込んできた。「手作りワッフル」「手稲の山最中」「べこ餅」「紅白誕生餅」などなど。毛筆で書かれた何枚もの張り紙の中に、それはあった。

「ホワイトごま餅」

なんだか、木に竹を接いだような名前だと思った。頭の中には具体的なイメージが浮かばず、ただ文字だけがフワフワ浮かんでいる。それだけに気になって引き返すと、そこには白地に黒で「美よし乃餅店」と染められた暖簾が揺れていた。

美よし乃餅店は昭和45（1970）年、平岸にあった美よし乃餅店から、山形松男さん（昭和9年生まれ）が暖簾分けで発寒店として独立したことに始まる。山形さんは下川の農家に生まれ、中学を卒業して地元の「矢内菓子店」へ奉公に入った。3年の年季が明けると今度は興部の「藤田菓子店」に移り、ここで2年間親方に教わったあと、旭川の千秋庵に入る。独立はしたかったが先立つものがない。そんな時、山形さんの姉の知人だっ

地域で愛されている美よし乃餅店は、手書きの短冊と暖簾が目をひく（右上）。洋子さんが接客で店先を明るくし、奥の作業場で順一さんが菓子作りに励む（左）。中央は昔の包装紙、右下は大福餅

た美よし乃餅店の親方に声を掛けられ、働くことになった。昭和44年のことだ。

美よし乃餅店に勤めて1年余りがたった頃、親方から「独立した方がいい」と言われた。とても自力で独立できる状況ではなかったが、親方が一緒に物件を探してくれた上、保証人になってくれるという。そこで見つけたのが、当時まだ建ったばかりの現在の建物だった。しかも親方の顔で、問屋は必要なものを何でも持ってきてくれた。

「まだ大型店もない時代だから、作れば作るだけ売れました。開店当時から、品物は売れ残ったことがありません。借金もすぐに返せましたね」と山形さんは振り返る。

さて、気になるホワイトごま餅とはどんなものか。それは、白餅のまわりに白い擂りゴマがたっぷりとまぶされた、きなこ餅にも似たシンプルな餅菓子だった。でも、ひと口食べてびっくり。白ゴマと餅の相性がタダモノでないのだ。ゴマの風味が食欲をそそり、餅は柔らかい中にコシがあっ

てしっかりとした味わいがある。両者のコンビネーションが絶妙で、一気に食べ切ってしまった。

和菓子屋を受け継いだ洋菓子職人

これが誕生したのは、開店2年目となる昭和46年のこと。そもそも山形さんは、団子好きだった。団子に醤油やゴマなどをつけるとおいしいことから、それを餅でやってみたという。

「ここの餅がいい味なのは、水を使わないから。そうすることで餅の味がきちんとするんです」

商売は順調だったが、奥さんが体調を崩したのを機に閉店を決め、居抜きで安く譲ろうと和菓子職人を募集した。ところが、やってくるのは、なぜか洋菓子職人ばかり。「和菓子作りは、洋菓子職人には無理だと思っていたので、最初は断わりました。結局は譲ることにしましたが、何度か通ってもらい餅や和菓子について教えました」。

こうして平成12年に店を引き継いだのが、武田順一さん（昭和27年生まれ）である。順一さんは富良野にあった「㊟武田菓子店」の次男として生まれた。菓子好きだったので旭川の「梅屋」に就職し、その後、ケーキを研究しようと東京や横浜の洋菓子店に勤めた。北海道に戻ってからしばらくして紹介されたのが、閉店を決めたこの店だった。

店と機械を見せてもらい考えた。ずっと洋菓子をやってきたが、札幌にはライバルが多い。しかも設備費がかかるし、店舗の大きさも必要だ。加えて順一さんの信条は、絶対に借金をしないことで、現金でやれる範囲と考えていた。「それで、和菓子をやってみようと決めたんです。いま考えても、正しい選択だったと思います」。山形さんが残してくれたレシピや道具をフル活用しながら、ワッフルなど独自のメニューを加えて、妻の洋子さんと二人三脚で店を営んでいる。

2組の夫婦の歩みとともに、40年の歳月を積み重ねてきた美よし乃餅店。そして、ホワイトごま餅もまた、ほぼ同じ長さの時を、地域の人々に愛されながら生き抜いてきたのだ。

昭和47（1972）年●札幌市

沖縄まんじゅう

●製造　札幌製菓㈱
●住所　札幌市東区本町2－6－4－1
●電話　（011）786－8370
★4個入り　350円
★6個入り　441円

ほどよい甘さでとろけあう餡と皮

蒸かしたての饅頭、とりわけ黒糖饅頭の類にめっぽう目がなくなったのは、30年以上前に出合ったある饅頭がきっかけだった。その名を「沖縄まんじゅう」という。コンビニエンスストアなどの中華饅頭より小ぶりだが、かなり食べごたえはある。だから、本当は1個で小腹は満たされるのだが、ひと口頬張るともう止まらない。気がつくと、いつも目の前にある分を平らげていた。

この饅頭は、外皮の部分がいつも蒸かしたてのようにしっとりふっくらしている。唇に触れた瞬間の感触、歯ざわり、どれを取っても例えようのない心地よさがあった。そして、とろけるような黒餡。その餡と皮とがほどよい甘さで溶けあって、深々とした余韻を楽しませてくれるのである。

最初のうちは、沖縄のご当地モノを札幌でも売り出したのだと思っていた。ところが、違った。札幌にある「札幌製菓」という会社が手がけた、純然たる札幌生まれのお菓子だったのである。札幌製菓は、昭和4（1929）年に猪俣製菓（猪俣松三社長）としてスタートし、昭和40年には社名を札幌製菓に変更（p220参照）。創業当初は、北海道産バターを使うバター飴を製造し、昭和天皇に買い上げられたこともあるという。

その後、おやきや鯛焼き、和菓子なども扱ってきたが、昭和30年代半ばに売り出した「サッポロビール最中」がヒット。続いて、ジョッキ形の容器に入ったサッポロビールゼリーやサッポロビール羊羹など、サッポロビールの名を冠した商品を次々に開発。近年は、「パイまんじゅう　さっぽろっ子」もヒットするなど、観光土産を主力としてきた製菓会社だ。

沖縄の本土復帰を記念して発売

さて、沖縄まんじゅうの話に入る前に、それに先立つ「五番焼き」の話を。札幌製菓はかつて、五番舘デパートの地下を主な販売拠点にしていた。そこで、客寄せを兼ねて実演販売したのが五番焼きだった。考案したのは、売り場を任されていた波多野節夫さん（大正２〈１９１３〉年生まれ）。表面に五番舘の◇五《ヒシゴ》マークの焼き印を捺した大判焼きで、飛ぶように売れたが、近隣の店でも同様のものを作りはじめた。そこで、新しいものをと思案しているうち、その頃、日本中で大きな話題となった沖縄の本土復帰に目をつけた。

沖縄の特産といえば、サトウキビから作られる黒糖である。そこで、その黒糖を使った饅頭の製造販売を思い立った波多野さんが、試行錯誤の末に完成させたのが沖縄まんじゅうだった。昭和47年5月15日の返還日に合わせて発売。これが売れに売れまくった。一日に１０００人を超える客が列をなし、昼食をとる暇もない忙しさで、ひたすら餡を包んで蒸かし続けたという。

この饅頭がほかの類似品と違うのは、いつも蒸かしたてのように皮はふんわり、そして餡が絶妙の柔らかさを保っている点にある。70歳の定年まで売り場に立った〝ミスター沖縄まんじゅう〟の波多野さんは、その秘訣をこう話す。

「とろとろした皮にとろとろした餡を包む場合、長く持つと手にくっついてしまうので、一瞬のうちに包まなきゃいけません。これは普通の技術で

皮のしっとり感と餡のバランスが絶妙で、饅頭好きの筆者も夢中になる味わい。中央は4個入り、右上は6個入りのかつてのパッケージ。左はこの饅頭を考案・創製した波多野節夫さん

は無理です。私が昼食をとる間に代わりができたのは、前社長の故鈴木重弘さんぐらいですね」

五番舘が西武に変わり、沖縄まんじゅうの売り場は消えた。筆者がしばらくして再会したのは、新札幌のサンピアザ地下にある菓子コーナーだった。だがそれも消え、次に見つけたのは、札幌駅地下のパセオの通路に置かれたワゴンの上だった。その3度目も消え、それから数年をへて、パセオの一角にある札幌製菓の売店で偶然遭遇したのが平成19年のこと。これほどの別離と邂逅を重ねたお菓子など、ほかにない。

まんじゅうの製造は現在も引き継がれており、食を通じて歴史的な出来事を伝えている。味のよさはもちろんだがそうした意味でも作り続けてほしい逸品だ。ただし、現在買えるのは札幌中央バスターミナル（札幌市中央区大通東1丁目）の売店だけと、かなりの限定品になっている。

まだ温もりを感じる、ふかふかの饅頭に唇をつけた時、あなたにも幸せな一日が訪れる。

昭和51（1976）年●札幌市

白い恋人

ラング・ド・シャーとホワイトチョコレート

筆者と「白い恋人」の接点は、歴史的な建造物「あんとるぽー館」にある。明治44（1911）年、札幌の南4条東4丁目に遠藤醸造店の事務所として完成。昭和50年代からレストランなどとして再利用された、軟石の風格ある建物だった。

札幌のまちは「歴史」を「古くさい」に変換しながら、その蓄積を消し去ってきた。歴史的建造物も、基本的に所有者の自己責任で維持するしかなく、建物を通して町と人の歴史を後世に伝えることが難しいのが実情だ。しかも、新しいものに飛びつく性向が強いこともあり、建物に限らず時間が生み出すような財産は、これまで大半が灰燼に帰してきたのである。

そして平成2年、「あんとるぽー館」解体の話が持ち上がった。市民が署名を集め、関係各方面に要望書を提出するなど、保存への動きは活発だった。そうした声を受ける形で、建物を丸ごと引き取り、「白い恋人パーク」に移築したのが、白い恋人でおなじみの石屋製菓だった。

石屋製菓を創業した石水家は、明治29年に愛媛県から現在の深川市一已《いちやん》に入った。その次の世代である石水亀一は、その地で製粉・精米を手がけ

●製造　石屋製菓㈱
●住所　札幌市西区宮の沢2-2-10-30
●電話　（011）666-1483
★ホワイト（12枚入り）740円
★ホワイト&ブラック（36枚・缶入り）2465円
★ブラック（18枚入り）1110円

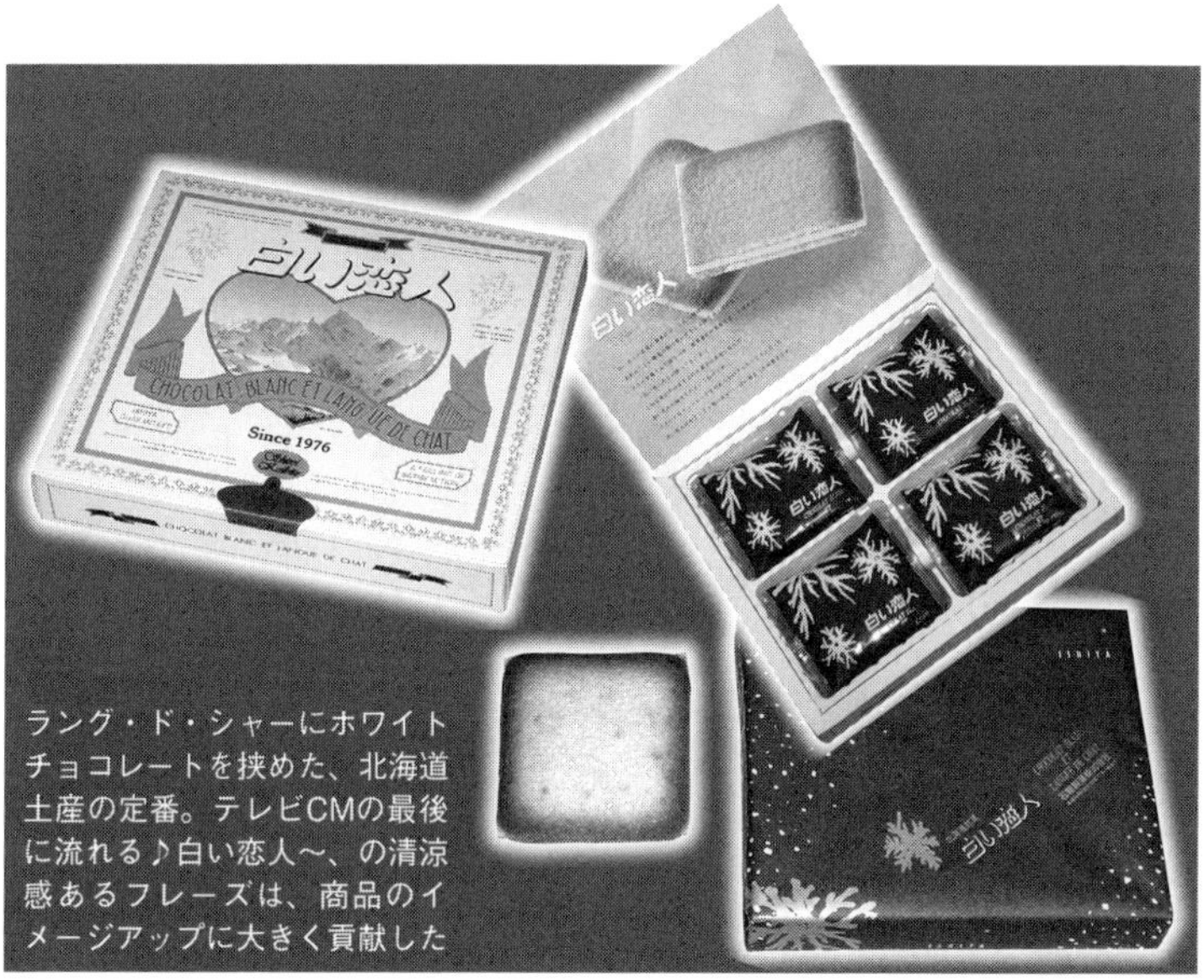

ラング・ド・シャーにホワイトチョコレートを挟めた、北海道土産の定番。テレビCMの最後に流れる♪白い恋人〜、の清涼感あるフレーズは、商品のイメージアップに大きく貢献した

た後、飴の製造販売を始める。その亀一の三男が、のちに石屋製菓の創業者となる石水幸安だ。東京の商業学校を卒業後、召集先の満州で除隊となり、そのまま南満州鉄道で経理の仕事に就く。そして満鉄の社宅で昭和19（1944）年に生まれたのが、後年、白い恋人を世に送り出す石水勲さんである。

戦後の昭和22年、幸安と亀一は札幌の茨戸にでんぷん工場を開設。また、北6条東7丁目の第2工場では水飴を製造、同23年にはきなこねじりやドロップなどの駄菓子も手がけるようになった。

勲さんは昭和42年、石屋製菓に入社。菓子職業訓練校で改めて菓子作りの基礎を学び、高級菓子路線への転換と問屋からの脱却を模索する。同46年、フランス語で猫の舌を意味するラング・ド・シャー（焼き菓子）を使った「シェルター」を発売してヒット。続いて発売した「サッポロジェンヌ」を契機に、卸問屋を通さず観光物産館やデパートと直接取引する道を開いた。

その頃、石水さんはホワイトチョコレートと自社のラング・ド・シャーを、偶然一緒に食べた。その相性がよく、これまでにない食感と味わいだったことから、昭和51年にラング・ド・シャーにホワイトチョコを挟んだ「白い恋人」が生まれたのだ。

映画を連想させる粋なネーミング

新商品のネーミングは、歩くスキーから戻った幸安のひと言で決まった。

「白い恋人たちが降ってきたよ」

まだ商標登録されていないことを確認後、「青い空から降る真っ白な雪の結晶」をイメージしたパッケージに個別包装して、白い恋人は発売された。1個50円。その白い恋人という言葉を聞くと思い出すのが、フランスのグルノーブルで開かれた、第10回冬季オリンピック大会の記録映画「白い恋人たち」だ。クロード・ルルーシュ監督の映像美と、フランシス・レイ作曲の染み入るようなメロディが、記録映画の概念を超えた世界を創り出し、多くの観客を魅了した。

ところで、1個50円という強気の価格設定には、北海道産の極上の素材を使った高級菓子というコンセプトがあった。スタートから順調だった売り上げは、全日空の機内食に採用されてから飛躍的に伸びる。こうした勢いが、勲さんを積年の夢の実現へと向かわせた。それが「イシヤチョコレートファクトリー」の建設だった。平成3年に着工し、平成15年には全体を「白い恋人パーク」としてグランドオープンさせている。

北海道におけるお菓子の売り上げで、常にトップを独走してきた白い恋人だが、平成19年8月に賞味期限の改ざん問題が発覚。石水勲社長は責任を取って辞任し、商品は売り場から撤去された。その後の売り上げが懸念されたが、約3カ月の操業停止をはさんで販売を再開したところ、以前にもまして高い支持を得ている。ファンが支持し続ける理由は、その味に加え、石屋製菓の文化に対する取り組み方が明確だったからに違いない。

昭和53（1978）年●室蘭市

草太郎《くさたろう》

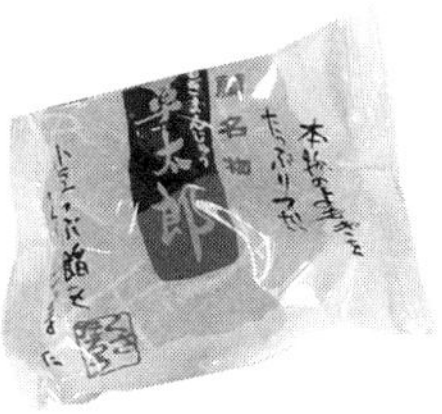

●製造　㈱草太郎
●住所　室蘭市日の出町3－7－6
●電話　（0143）45－5566
★1個入り　130円
★6個入り　840円

裏山のヨモギから生まれた饅頭

緑を基調にデザインされた袋を開けると、中から透明のセロファンに包まれた緑色の饅頭が姿を現す。その名も「草太郎」。よもぎ饅頭、もしくは草饅頭と呼ばれる種類の菓子だ。その特徴は、何といっても、しっとりと柔らかい皮の独特の食感にある。筆者はひと口かじると、いつも反射的に饅頭の断面を確認せずにはいられなくなる。緑色の断面は、まさにヨモギの繊維をそのまま和紙にしたかのような、美しい肌理《きめ》を見せるからだ。

草太郎の前身は、初代の大場仁吉（明治43〈1910〉年生まれ）が、登別の鷲別で始めた大場餅店である。新潟県生まれの仁吉は、幼少時に日高へ入り、その後は室蘭で運転手をしていた。しかし、戦後の混乱期に知人から餅の作り方を教わったことをきっかけに、餅屋を目指すようになる。鷲別に店を出したのは、昭和25（1950）年のこと。臼と杵を使い、家族総出で大福やのし餅を作って売るようになったのが始まりだ。

仁吉は昭和27年頃から、裏山で採ってきたヨモギを小麦粉に混ぜて団子を作っていた。しかし、すぐに固くなって売り物にならなくなってしまう。そこで、初代の井上工場長がそれに少し手を加え、草饅頭として発売したのが同44年のことだった。

その饅頭にはヨモギをたっぷり使っていた。そのため、香りが強過ぎたようで、最初はあまり評判にならなかった。ところが同51年になって、天候不順のためヨモギが生育不良になってしまう。2代目の大場一雄さんは、窮余の策としてヨモギの使用量を半分に減らすことにし、同時に改良に着手。3代目工場長の川野名勇さんが、ついに現在の草太郎を完成させたのである。

そして新たに名前をつけることにし、多くの候補の中から、取引先の機械屋さんが考えた「草太郎」が選ばれた。ヨモギを使っているから「草」、そこに苦労の末に生まれた長男坊という意味から「太郎」をつけたもので、昭和53年に商標登録した。その結果、爆発的ヒットを記録し、平成6年にはその商品名を社名にしている。

次々と生まれる「弟分」たち

草太郎の一番の魅力は、なんといってもヨモギにある。採取地は時代とともに変わってきた。最初は地元の室蘭だったが、伊達、虻田を経て、現在は豊浦になっている。ヨモギ採りの担当は、専務である大場憲一さんの仕事だ。

憲一さんは5月になると、電話でヨモギ自生地の地主と交渉し、現地に入る。ヨモギ採りは、香りがよく、若葉色でみずみずしい葉の柔らかな時期が勝負だ。その期間はわずか1週間ほど。5月下旬が最も状態のいい時期で、遅い年でも6月の第1週がリミットという。それを過ぎると、若葉が黄ばみ茎も固くなるそうだ。1年間に使う若葉の量はおよそ10ｔに及ぶが、将来のために根の部分は残して採取するようにしている。

室蘭市の日の出にある工場に運ばれたヨモギは、色がきれいに出るよう銅製の鍋で茹でてから、小分けにして冷凍保存する。保存したヨモギは、その都度使う分だけ解凍してペースト状にし、小麦粉や卵、砂糖などの材料と合わせることで、草太郎ならではの見事な緑色の皮を作っている。

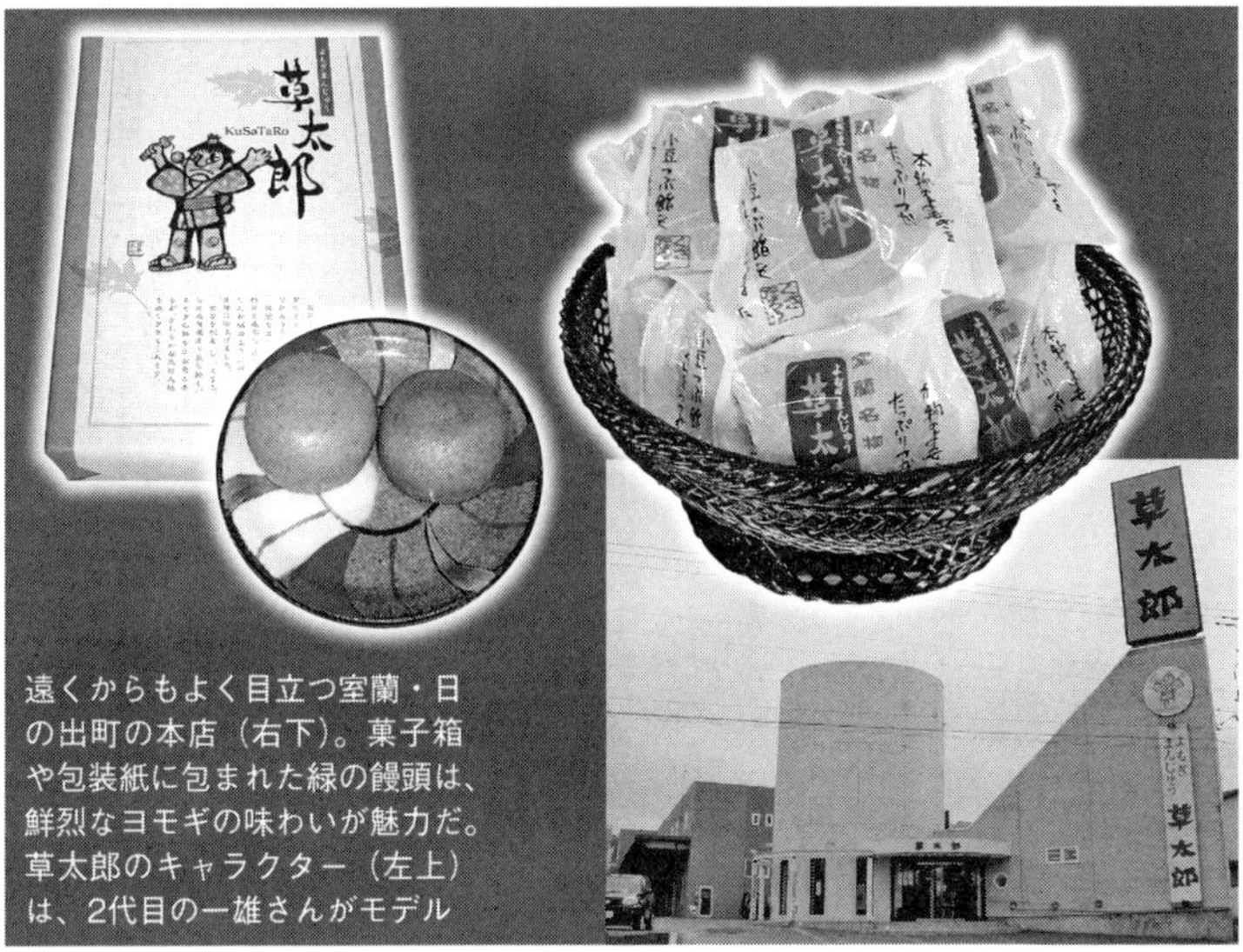

遠くからもよく目立つ室蘭・日の出町の本店（右下）。菓子箱や包装紙に包まれた緑の饅頭は、鮮烈なヨモギの味わいが魅力だ。草太郎のキャラクター（左上）は、2代目の一雄さんがモデル

その皮を使って、甘さ控え目の小豆の粒餡を包あん機で包み、約10分蒸し上げることで、しっとりもっちりした独特の肌ざわりを生み出している。さらに、余計なものを一切使わないことで、ヨモギの味わいを最大限に引き出すという。

その後、草太郎には弟分が次々と加わった。平成10年には、白鳥大橋の開通を記念して「揚げ草太郎」を発売。室蘭の板前料理店「そのべ」の店主が試作にかかわっている。さらに平成19年からは、焼くことで香ばしさを加えた「焼き草太郎」を日の出町の本店限定で販売。同20年には草太郎の表面をカレー味の衣で揚げた「草太郎カレー味」が加わっている。これは、カレーラーメンで売り出している室蘭らしい限定商品を、という客の声に応えたものだ。

ところで、草太郎の包装紙や箱には、けん玉を握りしめたひと昔前の元気な男の子が描かれている。この草太郎のオリジナルキャラクター、モデルは2代目の一雄さんである。

昭和55(1980)年●札幌市

大黒屋《だいこくや》の温泉まんじゅう

●製造　㈱定山渓大黒屋商店
●住所　札幌市南区定山渓温泉東4-319
●電話　(011)598-2043
★1個　63円
★9個　630円
★10個　690円

温泉気分盛り上げるできたて饅頭

ほかほかと立ちのぼる湯気の中から、忽然とその姿を現す温泉饅頭。ふっくらとしたハリのある丸い形を眺めているだけで、温泉旅の満足度は格段にアップしてしまう。

全国どこの温泉ホテルや旅館でも、土産物コーナーには必ず置かれている温泉饅頭。日本人にとっての〝旅・温泉〟という文脈の中では、切っても切れない定番の一つになっている。でも、ホテルや旅館の温泉饅頭は、湯気はもちろん温もりもなく、パサパサしていて喉に引っかかることさえある。だからこそ、できたての温泉饅頭を味わえる温泉街は、それだけで素晴らしい。

残念なことに北海道では、この条件を満たす饅頭を販売する温泉地が少ない。その数少ない一つが、人気の「大黒屋商店」を擁する定山渓温泉だ。それが食べたいがために、筆者は定山渓まで足を延ばし、ついでに温泉に入ったりもする。

そんな楽しみ方をしている身からすると、日本は客をホテル内に囲い込む観光スタイルから、いつ脱却できるのだろうかと思ってしまう。ゾーンの魅力を作り出し、リピーターを増やす発想に切り替えていかないと、人々の観光への意識がます

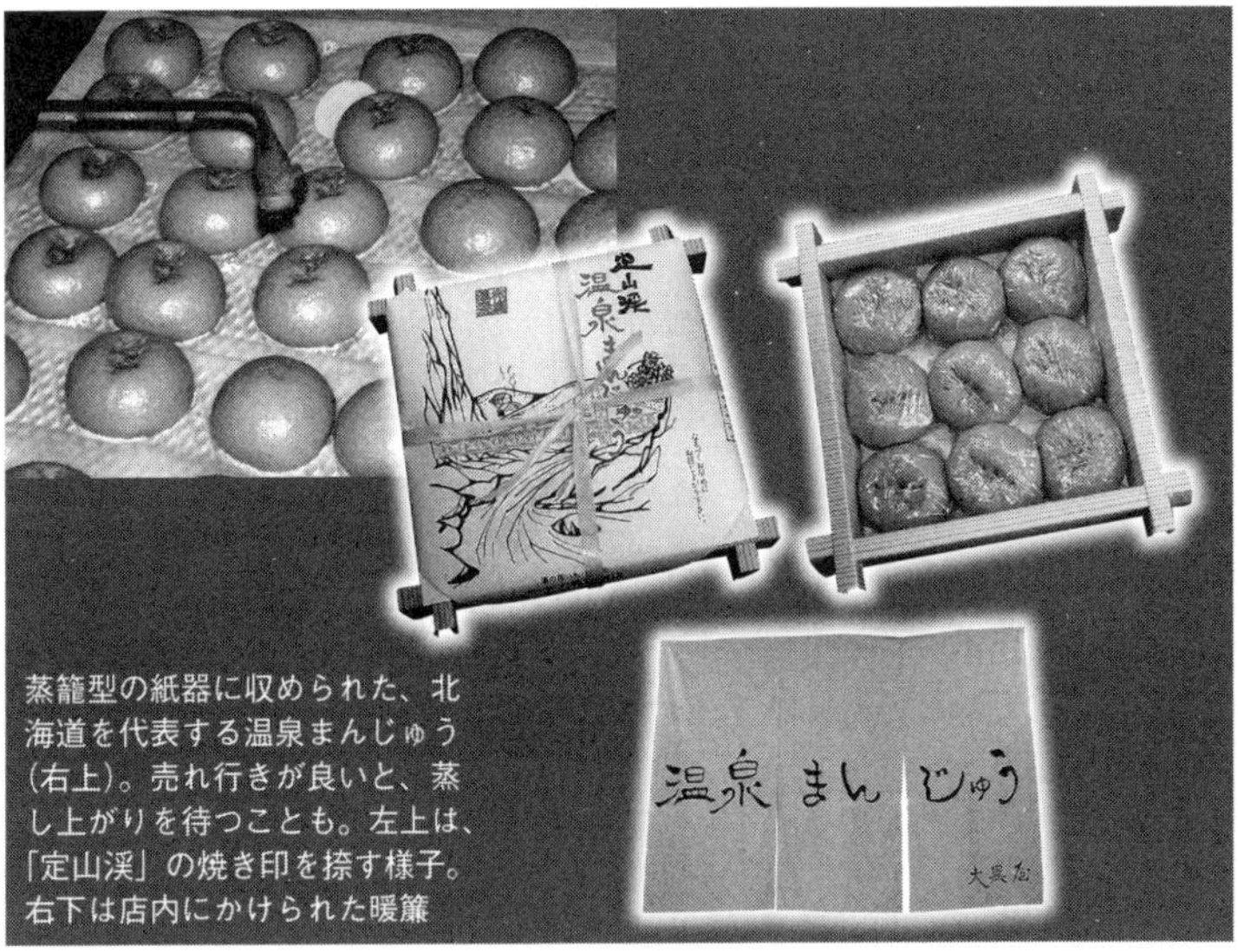

蒸籠型の紙器に収められた、北海道を代表する温泉まんじゅう（右上）。売れ行きが良いと、蒸し上がりを待つことも。左上は、「定山渓」の焼き印を捺す様子。右下は店内にかけられた暖簾

ます低下してしまうのではないだろうか。

さて、定山渓の大黒屋商店は、昭和６（１９３１）年に大黒屋菓子舗（ｐ２１５）の支店として誕生。大黒屋の創業者である坂井幸蔵の長男・孝一が支店を任され、長女の本間マツが切り盛りした。支店では札幌の本店で作る最中や煎餅、小豆焼などのお菓子だけでなく民芸品も扱い、登別で「湯の香ひょうたん飴」を製造する大黒屋は親戚筋にあたる。

その後、支店を任されたマツが亡くなったあと、3男の本間敏夫さんが引き継ぎ、平成10年には敏夫さんの妻・幸子さんが跡を継いで現在に至っている。温泉まんじゅうを手がけるようになったのは、昭和55年頃のこと。かつて、定山渓温泉には企業や公務員の保養所が数多くあり、そこの関係者から「饅頭を作るなら置いてあげるよ」と声を掛けてもらったのがきっかけだったという。

日持ちはせず作り置きもなし

大黒屋商店の饅頭は、直径5㎝ほどの茶色い柔

らかな表面に、「定山渓」の文字が焼き印で捺されている。この焼き印、昔は温泉マークだったが、昭和57年に現在の「定山渓」に変えたそうだ。一つ一つ手作業で行うが、そのコツを聞くと「できるだけ優しく、そして真ん中に」と幸子さん。次々と真ん中に捺していく手さばきは見事だ。

一方、皮の生地は、薄力粉に沖縄産の黒糖を加えたもの。札幌の田中義英商店で製造する生餡を買い、それにビート糖を混ぜ、隠し味に塩を少々入れて、自分の店で練りあげている。饅頭は餡によっておいしさが左右されるので、一番品質の良いものを使うようにしているという。

餡を皮に包むのは、昔も今もすべて手作業。蒸かす段階は機械を使うようになったが、かつては蒸籠1枚に25個くらいずつ並べ、7段重ねにして蒸かしていた。今は1枚に36個並べたものを機械に入れ、7分間蒸すと完成だ。

添加物は一切使わないから、日持ちはしない。東京などからきた客には、夏場になると「ここで食べるのはいいけれど、持ち帰りはやめてくださいね」と断っている。暑い日は、わずかの時間で饅頭にカビが生えてしまうからだ。取材時にちょうど餡ができあがったので、てっきりすぐ使うのかと思ったら、「これは明日使う分なんです。熱いまま包むと、餡から出た熱でカビが生えやすくなるんですよ」と幸子さん。

いつもは朝6時頃に起きて仕事を始めるが、注文が多いと4時起きすることも。作り置きができないので、品切れの時などは30分から1時間ほど待たされることもある。値段は1個63円。幸子さんが嫁いだ昭和55年には60円だったというから、消費税が加えられただけで30年以上、値段は変わっていない。重さも1個30gのままだ。

定山渓に泊まった翌朝、宿を出るとその足で筆者は大黒屋商店に向かう。ここの温泉まんじゅうは、さっき食べたばかりの朝食とは別腹で収まってしまうからだ。包みを開けて1個でも手をつけたら最後、あとは神のみぞ知る、である。

昭和57（1982）年●留寿都村

元祖みそまんじゅう

●製造　みそまんじゅう本舗梅屋
●住所　留寿都村留寿都53－1
●電話　（0136）46－3450
★1個　42円
★14個　630円
★24個　1050円

もはや伝説となった誕生秘話

昭和30年代のおやつといえば、店で買うよりも母親の手作りが圧倒的に多く、〝作りたて〟という強みもあった。そのメニューの中には饅頭もあり、留寿都の「元祖みそまんじゅう」を食べた瞬間、その二つの記憶が見事に繋がった。

味噌色をした表面は、しっとりと艶やかな照りがあり、もっちりとした弾力のある皮からは、ほどよい甘みのこし餡が顔を出す。そのバランスがなんとも絶妙なのだ。大きさは長短あるが4㎝前後、厚さも約17㎜と手頃だから、ついつい休む間もなく手が伸びてしまう。

初めて食べた時は、懐かしさが体中に広がっていった。単に昔風の手作りの味だからというわけではなく、埋もれていた記憶が瞬時に呼び覚まされたような感覚とでもいおうか。でも、それは思い違いで、あとから母親の味とは違うことに気づいた。そんな勘違いをしたのも、みそまんじゅうがそれだけ庶民的で家庭的なお菓子であることの証だろう。そしてそれこそが、作り手と客を長年にわたって繋いできた理由に違いない。

すでに伝説の域にある、元祖みそまんじゅう創製物語を、「梅屋」の栞から紹介しよう。

〈古老の話によると、明治の後期に初代店主が北海道留寿都村で大福餅のみの商いをしていたが、或る日、総白髪の旅の御坊が立寄り『みそまんじゅう』の製法を教えて、これと併せて作ったら開拓に懸命の農民や旅行者に喜ばれる、栄養十分。と言い残して立ち去った……〉

現在、梅屋を営む坂田愛子さん（昭和3年生まれ）によると、最初に始めたのが土井某で、それを折笠芳房が引き継ぐ。その折笠が引退する際、当時の村長から坂田さんに「引き受けてもらえないか」と声が掛かった。当時、森林組合で経理の仕事をし、事務所はみそまんじゅうの店の真向かいにあった坂田さん。村長は森林組合の責任者で、夫の長雄さんは村の教育長である。こうして店を引き受けることになった昭和57年を、本書では現在のみそまんじゅうの創製年としたい。

手で優しく転がして独特の形に

最初はすべて手作業だった。手に取った生地に一つずつ餡を詰めて丸める作業が延々と続く。見かねた長雄さんが、包餡機を購入した。材料は青森産もち米の米粉と小麦粉、黒糖、ザラメ、水飴など。それに塩を混ぜ、皮の生地を作る。この配合は昔とまったく変わっていないという。

名前がみそまんじゅうなので、味噌に似た色はしているが、材料に使われているわけではない。でも食べているうちに、味噌を使った饅頭を食べている気がしてくるから不思議だ。

混ぜ上げた生地に粒が浮かんでいるので、何かと聞けば、それは米粉だった。蒸かした際、表面に独特の凹凸ができるのはそのため。この生地で十勝産小豆を使うこし餡を包むが、餡はすべて自家製である。坂田さんが「きれいでしょう」と見せてくれたこし餡は、肌理がとても細かくて実に美しい。そのまま指で掬って、舐めてみたい衝動に駆られてしまう。

その餡を、坂田さんが包餡機の左側から入れ、娘の幸子さんが右側から生地を流し込む。機械を

生地

不思議なことに、ひと口頬張るだけで懐かしい故郷の味が、体全体に広がってゆく。最後に成型する坂田愛子さんの手さばきは、実にやさしげ（左上）。これが味をよくする不思議の素だ

動かすと、下の方から数秒に1個の早さで包餡された塊が落ちてくるので、それを左手でとって両手で丸め、右手で並べてゆく。これをひたすらくり返すが、坂田さんの手の動きを見ていると、実に優しく転がしながら形にしているのがわかる。

お菓子に限らず、代が変わると味が変わる、とはよくいわれること。長く続く菓子は、守るべき長所を守り、工夫すべきところを微妙に変えながら、先代という壁を乗り越えてきた。添加物を一切使わずにやってきたのも、大きな強みだ。

「みそまんじゅうを広めるために、何でもやりましたが、無理に手を広げようとはしなかったの。作っているのがここだけだから、商品管理もきちんとできるんです。今では、みそまんじゅうは私にくっついているみたい」と坂田さん。

帰り際、坂田さんと店先に出た途端、お客さんが入ってきた。それがいつまでも続いて、いとまを告げることができない。坂田さんとみそまんじゅうの二人三脚は、まだまだ続きそうだ。

大黒屋菓子舗札幌製菓所の遺伝子

今もしっかり受け継がれる菓子作りの血脈とその足跡

明治35年創業の大黒屋菓子舗初代店舗（開店当時の撮影か）

札幌の名を冠した明治期創業の菓子屋

半世紀も前の史料の中で、その名を目にして以来、ずっと頭の隅に引っかかっていた菓子屋がある。それが「大黒屋菓子舗札幌製菓所」（以下、大黒屋）だ。

定山渓温泉で「温泉まんじゅう」（ｐ２０８）を作る大黒屋を取材した際、「札幌の大黒屋が本店なんです」という話を聞いた。だが、以前から幾度となく名前を見てきた大黒屋とは、頭の中で結びつかなかった。

それがようやく繋がったのは、大黒屋の血を引く、坂井脩一さん（昭和12〈１９３７〉年生まれ）にお会いした時のこと。古い写真を見ながら大黒屋の話をうかがっていると、以前から気になっていたお菓子の名前が出てきたのだ。その名を「小豆《あずき》焼《やき》」という。

　大黒屋は明治35（1902）年、初代の坂井幸蔵が創業した。

昭和13年1月に新築なった大通西3丁目の店舗（昭和27年頃撮影）

幸蔵は札幌生まれだが、父の長蔵は富山県滑川の出身。大通西2丁目に小さな作業場と卸部を置き、製造したお菓子を西3丁目の店舗で販売していた。

　店（大黒屋菓子舗）の建物は1階が店舗で、2階や裏の別棟に作業場を設けて、家族と従業員が寝起きをともにしていた。大正8（1919）年には、南9条西10丁目に工場（札幌製菓所）や従業員の住居を建て、そこで作った商品を店舗や市内のデパートに納めていたという。

大正から昭和前期にかけて人気を呼んだ「小豆焼」

　そんな大黒屋の目玉商品が、小豆焼だった。大正7年発行の『北海道百番附』（富貴堂書房）掲載の食物番付では、前頭に位置する。幸蔵の孫で3代目にあたる脩一さんによれば、小豆焼は小豆や砂糖を混ぜたものを木型に入れ、乾燥させて固めた落雁系のお菓子だった。

　創業時からの主力商品で、表面には大沼公園など北海道の名所の風景を浮き彫りにしていたという。およそ5㎝四方の正方

札幌製菓所工場内での製造作業の様子（撮影時期不詳）

形と、それを2つ繫げた長方形の大小2種があり、それらを組み合わせ、箱に詰めて販売した。

大黒屋の最初の店舗と思われる写真を見ると、柾葺き屋根の店舗に掲げられた看板に「高等煎餅」の文字がある。それと同じとは断定できないが、脩一さんの記憶では、皆が「おせんべい」と呼ぶお菓子を焼く型を手にしたことがあるという。1枚ずつ挟んで焼くその型は結構な重さがあり、それを並べて幸蔵が焼くのを見ていたそうだ。

大正8年、南9西10に新築された札幌製菓所の工場

道央圏に広がった
大黒屋の菓子作り遺伝子

初代の幸蔵は、学者肌だった長男の孝一を商人として鍛えようと、当時通っていた小樽高商（現小樽商科大学）を中退させ、昭和6年に定山渓に出した大黒屋の支店を任せている。これが、現在も定山渓温泉で温泉まんじゅうを作る大黒屋だ。

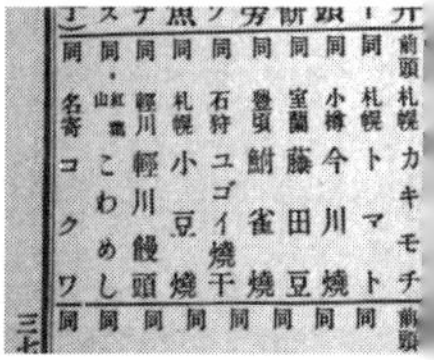

『北海道百番附』（富貴堂書房、大正7年）の表紙と、上が食物番付の小豆焼の名が載った部分

南9条の工場で製造した小豆焼などは、大通の店舗や定山渓まで運んでいた。さらに、定山渓の支店では「ひょうたん飴」を作り、大通西2丁目にあった卸専門の建物では幸蔵の弟が商いをやり、登別に出店した大黒屋はもう一人の弟が営む。その登別店の名物が、「湯の香ひょうたん飴」（p59）だった。

戦争が始まると、糧秣所の名で戦地に送る軍用の菓子を作った。飴など日持ちのするものを製造し、ほかに御紋菓（社寺の紋を象った菓子）も手がけたという。終戦後は物資が手に入らず休業を余儀なくされるが、昭和25年頃に営業を再開。軍の菓子を手がけていたため、昆布豆など菓子を作る機械は供出せずに済んだことが幸いした。

昭和6年、定山渓温泉に出店した大黒屋支店の店舗

戦後しばらくは、砂糖が手に入りにくい状況が続くが、落雁や年越し用の鯛の菓子などを製造して、丸井や五番舘、三越などのデパートに卸した。当時、中学生だった脩一さんも、羊羹類や砂糖菓子などをセロファンで包む仕事を手伝った。

糧秣所時代には、軍用菓子と一緒に御紋菓も製造していた

デパートで実演販売も行った
札幌土産の定番「昆布豆」

脩一さんは子どもの頃、祖父の幸蔵さんに連れられて、定山渓や登別温泉などを営業で回ったこともある。

「私が菓子に接したのは、戦後の食糧難の時期でした。祖父はまず煎餅を焼きはじめましたが、本当は小豆焼を再興したかった。どうしても、駄菓子には踏み切れなかったんですね。でも、その頃は甘ければ何でもよく、お菓子に質など求められない時代でした。小学生の時、私も定山渓のホテルや昆布温泉などに一人で集金に行ったことがあります。一番つらい時期でした」

そう語る脩一さんの手元には、

戦中は糧秣所として軍用の菓子を製造した札幌製菓所（写真は納品を準備する様子）

昔の店舗や工場の写真が今も残る。その中には、昭和27年4月に三越デパートで開いた、「昆布豆」の実演販売風景もあり、翌年には三越でひょうたん飴の実演販売も行っている。

平和条約締結を記念して三越デパートで開催された「道産名菓指示《ママ》会」では、昆布豆を実演販売した（昭和27年4月28日撮影）

明治43年2月15日に発行された五番舘デパートの社内報「五番舘タイムス」（第15号）には、〝札幌のお土産には「昆布菓子」「苺羊かん」札幌五番舘〟という記事が載っている。この昆布菓子とは昆布豆のことで、豆の表面に金平糖のような角がついた緑色の豆菓子。内側にギザギザの切れ目がついた、大きな鉄製の装置に材料を入れ、回転させて作るお菓子だった。

三越デパートでのひょうたん飴実演販売の様子（昭和28年2月15日撮影）

食べると昆布の味がし、当時

は100匁（375g）110円で販売。デパートでの実演販売という積極的な姿勢からも、初代の意気込みがわかる。脩一さんの記憶では、のちに「小豆焼」も復活させ、昭和30年頃まで製造していたという。

今も残り、受け継がれる
大黒屋と札幌製菓所の足跡

なお、大通西3丁目の店舗は、のちに松竹映画の事務所となり、半円破風に描かれた図柄は、大黒から松竹のマークに変わった。

また、かつて工場のあった南9西10の敷地内には、今も古い軟石倉庫が残る。大正8年に原材料の倉庫として建てられたもので、昭和30年代から平成10年頃までは、松竹映画のフィルム置き場に使われた。その後、フランス菓子の店「パリ16区」になり、同21年6月からは「マール」というパンとカフェの店になっている。

現在はカフェとして利用される、札幌製菓所の倉庫だった建物

昭和40年、猪俣製菓から「札幌製菓」の屋号を使用したいという打診があった。大黒屋は同33年に廃業していたので、了承したという。その製菓会社が、のちに「沖縄まんじゅう」（p199）を手がける札幌製菓である。大黒屋の遺伝子は、今もさまざまな形で受け継がれている。

ぱんぢう大変——ぱんじゅうを巡る冒険

北海道で隆盛してきた
「ぱんじゅう」を求めて、筆者の冒険が始まった！
希少な現役店を紹介しながら、ぱんじゅうに魅せられた人々の姿と
その栄枯盛衰の歴史を辿ってみたい

「ぱんじゅう」とは、文字通りパンと饅頭が合体したようなお菓子のこと。『コムギ粉料理探究事典』（岡田哲著、東京堂出版、１９９９年）には、「パンじゅう」の項に昭和６（１９３１）年、銀座の菓子店「モーリ」が販売した、酒種を使って蒸す「餡入りのまんじゅうパン」と記されている。パンを普及させる目的で、日本人に馴染みのある饅頭を模してこしらえたものが、その発祥らしい。

　一方、北海道のぱんじゅうは、いわば饅頭型のおやき（今川焼）。パンのように発酵させず、酒種饅頭のように蒸すこともない。しかも、昭和6年以前からあったようだから、銀座のパンじゅうとは別ルートの産物といって間違いない。

　さらに調べると、北海道と同じ形をしたぱんじゅうの元祖は、「七越ぱんじゅう」らしいことがわかった。これは明治34（１９０１）年、東京・神田の表神保町で創業した「総本家七越」が考案したもの。最盛期は全国に支店を出すが、戦

後は総本店を伊勢市に移し、伊勢名物として親しまれてきた。こし餡を使い、青海苔を載せるのが特徴だったが、平成12年に廃業し、丸一世紀の歴史に幕を下ろした。その後、伊勢市内には新たに別のぱんじゅう屋が開業している。

また栃木県足利市にも、古くからのぱんじゅう屋がある。足利学校跡に近い小児玉神社境内の一角で、屋台形式の店を開く「岡田のパンヂュウ」がそれ。こし餡入りで1個30円という値段は、日本でもかなり安いぱんじゅうといえる。

しかし、ぱんじゅう屋の数で言えば、今は北海道が日本で最も多いのではないかと思われる。最盛期に較べて激減したものの、平成23年10月現在、道内には5軒のぱんじゅう屋がある。始まりは定かでないが、大正期からあったと伝えられ、小樽、札幌、夕張の3都を中心に、月形や沼田、三笠などにも広がっていた。道南では見かけないので、小樽周辺から内陸部へ向かう鉄路を伝って広まり、根づ

“元祖ぱんぢう”の文字が見える、昭和24年頃の「食堂たけや」外観

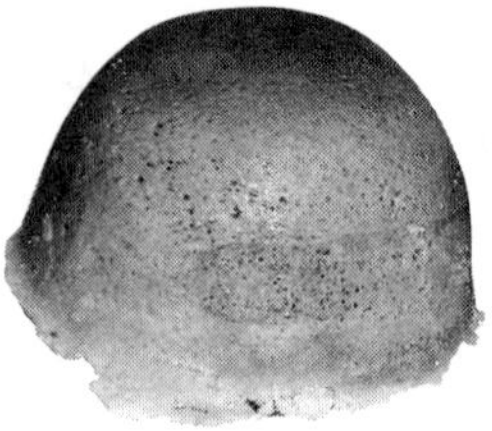
小樽・西川ぱんじゅう店のぱんじゅうは、小樽スタンダードを守る

いていったとも考えられる。表記は、「ぱんぢう」→「ぱんぢゅう」→「ぱんじゅう」と変化してきた。

【小樽のぱんぢゅう】

《黄金期を築いたタケヤとガンジロウ》

今も小樽で語り継がれるぱんじゅう屋が、「タケヤ」と「雁治郎《がんじろう》」である。

昭和5年創業のタケヤは、河岸武雄が営んだぱんじゅう専門店。場所は花園東3の3で、雁治郎とは目と鼻の先である。同9年の電話番号簿には「たけやパンヂウ本店」とあり、花園東1の10に支店があった。同24年発行のグラフ誌『みなと小樽』に、タケヤの店頭写真が掲載されている。玄関ドアのガラスに「食堂たけや」の文字。店頭のあちこちに、「元祖ぱんぢう」の文字が見受けられる。

一方、大正14（1925）年創業の雁治郎は、花園東3の7にあった谷本甚五郎の店で、飴類やぱんじゅうを専門に売っていた。ただ、資料によって屋号が

微妙に異なる。昭和8年の『小樽商工名鑑』では、単に「雁次郎」とあるのに対し、同9年の『小樽電話番号簿』では「雁治郎飴店」となっており、漢字も一部異なる。いずれにしろ、屋号がなぜガンジロウなのかは不明で、ぱんじゅうが作られた時期も定かではない。

もしタケヤが元祖なら、小樽におけるぱんじゅうの始まりは昭和5年となり、ガンジロウはそれ以降に参入したことになる。とすれば、「小樽のぱんじゅうは大正から」という説は誤りだったことになるが、あるいは河岸武雄がぱんじゅうを最初に始めた人から受け継いだことも考えられ、真相は藪の中である。

昭和32年の時点で、小樽には16軒のぱんじゅう屋があったともいわれる。同36年の戸別地図を見てみると、「たけやのパンジュー」(花園東2)と「ガンジロウ」(花園東3)のほか、店名にぱんじゅうがつく店として、「中央パンヂュウ」(稲穂東5)や「田中ぱんじゅう」(錦町)などがある。現在は、「クリームぜんざい」や「マロンコロン」で知られる昭和4年創業の「あまとう」(p162)も、甘味食堂の頃はぱんじゅうを販売していた。

小樽ぱんじゅうの伝統を受け継ぐ、西川ぱんじゅう店の店舗（右）と店主の西川幸司さん

隆盛を極めたぱんじゅう屋だが、その後、時流に合わなくなったのか激減。その数少ない店として頑張っていたのが、駅前中央通にあった「甘党一番」である。田中恒三（昭和2年生まれ）が、昭和20年代後半に1個5円で創業し、平成元年には40円で販売していた。が、惜しくも平成4年頃に廃業してしまった。

さて、小樽ぱんじゅうの黄金期を築いたタケヤとガンジロウだが、両者の大きな違いは中の餡が、タケヤでは粒餡、ガンジロウではこし餡だった点。今もそうだが、ぱんじゅうといえばこし餡が多い。その中で、粒餡を使ったタケヤの流れを継ぐのが「西川ぱんじゅう店」だ。現在、小樽で昔ながらの形のぱんじゅうを焼くのは、この西川ぱんじゅう店と、平成19年に開店した「あんあん」の2軒だけである。

《西川ぱんじゅう店》

都通アーケードの一角にある「西川ぱんじゅう店」は、今なお昔ながらの小樽ぱんじゅうをしっかり継承する。ここの特徴は、作り手の個性がぱんじゅうに表れている点。以前は、親子で焼く姿が都通の名物になっていた。それが西川幸太郎・幸司さん（昭和20年生まれ）父子で、どんなに暑い日でも、白衣に蝶ネクタイと白帽のスタイルを崩さなかった。その頑固な姿勢は、幸太郎さん亡きあとも、幸司さんに脈々と受け継がれている。

幸司さんの焼くぱんじゅうは、芸術品だと筆者は思っている。その端正な姿形は、何度見ても惚れ惚れするほど美しい。表面にはおやきの類では見たことのない艶があり、皮は驚くほど薄い。底面の直径が約54㎜、高さ約30㎜で、皮の厚さはわずか1㎜ほど。まさに職人技だ。「カリカリ感や香ばしさを出すには、溶いた粉を焼き板に流して強く一気に焼き上げます。職人ですから、おいしいものをおいしく食べてもらいたい。だから、熱いうちに食べてほしいんです」。

先代の背に合わせて作られた焼き台は低い。その分、幸司さんは真上から見ることができ、餡を目一杯入れられるという。小さくてもおやきと同じ量の餡を入れるので、それだけ皮も薄くなる。その

今も店の顔として親しまれている、初代の故西川幸太郎さんの顔写真やイラスト。上はアーケードになった商店街の一角にある店舗

ため、屈んだ姿勢をとらねばならず、おまけに立ちっ放しなので、腰を痛めて2カ月ほど休んだこともある。

その西川さんの教えてくれた食べ方が意外だった。「ぱんじゅうは、ひっくり返して食べるんです」。丸い方を下に、平たい底面を上にして食べるというのだ。齧った時、さらに驚きが待っていた。上になった底面がすーっとずれ、まるで蓋を開けたように皮が口中に入ってくるのだ。開いた穴からは熱い湯気が立ちのぼり、甘い香りが鼻先をくすぐる。「焼き立てを出すところは滅多にありません。でも、熱くて持てないことはない。これが、小樽のぱんじゅうなんです」。

店先の行灯には先代の笑顔が描かれ、袋にもそのイラストがプリントされている。個性の強い父親の跡を継ぎ、手間をかけながら西川ぱんじゅうの味を守ってきた幸司さん。先代の笑顔と並んで書かれた、「小樽で一番！　うまさバツグン!!　昔のタケヤの味が復活」のタケヤとは、前出のぱんじゅう元祖の店だ。

西川さんがタケヤにこだわる理由は、先代の幸太郎さんがタケヤにいたことがあるため。だから、西川ぱんじゅうもタケヤ同様に粒餡を踏襲している。いずれにしても、小樽ぱんぢゅうの流れを個人店で受け継ぐのは、昭和40年頃創業のここ一軒だけになってしまった。

《【住所】小樽市稲穂2－12－16／【電話番号】0134・22・4297／【営業時間】10時～16時頃（売り切れ閉店）／【定休日】水曜》

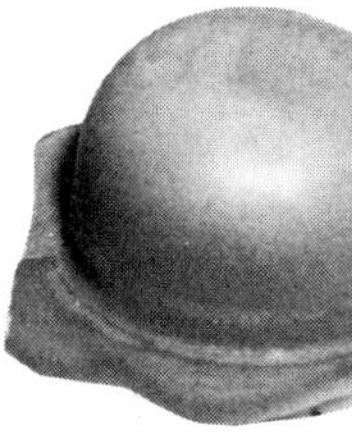
夕張・小倉屋ぱんじゅう店のぱんじゅう

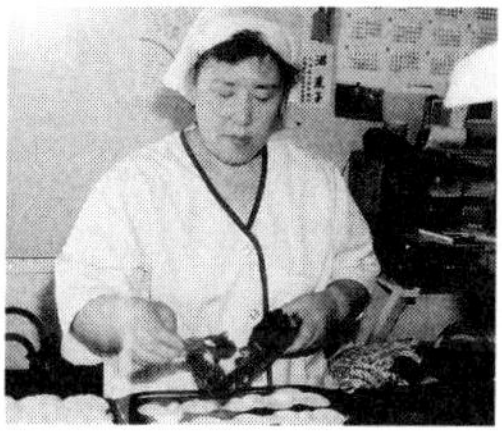
小倉屋ぱんじゅう店の店主・沼直子さん

【夕張のぱんじゅう】

《懐かしの〝ぼうしのおやき屋さん〟》
昭和20年代後半、夕張にはぱんじゅう屋が何軒もあった。夕張は石炭の採れるヤマごとに町が形成され、その集住地区ごとにあったようだ。その夕張で聞いた、ぱんじゅうの名前がおもしろい。筆者の妻の実家は、夕張の本町で明治時代から薬局を営んでいた。昭和3年生まれの義父によると、地元では本町のぱんじゅうのことを、「ぼうしのおやき」と呼んでいたというのだ。

　資料がないので、以下は人づてに聞いた話を繋ぎ合わせたもの。本町地区では「佐々木おやき果物店」が大正の頃から「おやき」の名称で、ぱんじゅうと同じ形のものを売っていた。大きさは後述の「小倉屋ぱんぢゅう」より少し大きく、昭和6年頃に1銭で2個買えたという。

　その後、息子の正吉が継いで店は流行ったが、食糧統制が厳しさを増す昭和18年頃にやめている。ぱんじゅう屋はかつて沼の沢地区にもあり、本町には戦後に「成富」という店もできたが、今も残るのは小倉屋ぱんぢゅう店だけだ。

《小倉屋ぱんぢゅう店》

　小倉家が昭和25年頃に始めた店で、店を切り盛りする沼直子さん（昭和22年生まれ）の父親はこの店の常連だった。その縁もあって、店が売りに出た際に父親

バス通りに面した小倉屋ぱんじゅう店の店舗

店主の沼さんは、30年続いた店を受け継いだ

が買い取り、4カ月ほど作り方を習って昭和56年から引き継いでいる。

「私も昔から、ここのぱんじゅうを食べていました。記憶では最初5円で、7円、10円と上がり、私が継いだ時は40円。それから10年間は、夕張新鉱の事故や閉山が相次いだこともあり、値段は据え置きました」。その後、消費税の導入や原材料の値上がりから50円にアップ。税が5％になった際に60円にし、現在は90円で販売している。

　ここのぱんじゅうの特徴は、底のまわりに巨大な耳がついていること。上から

見ると四角形のようで、要するに台座がついた感じ。しかも、その台座の厚さが7㎜以上もある。「最初は周りを切り落としていたんです。ところがお客さんに『ついてる方がおいしい』と言われ、オープン3年目から今の形にしました」。

「ここの特色は、その耳ですか」と聞くと、沼さんはちょっと首をひねったあと、「餡です、餡がおいしいんです。石炭を使った窯で熱しながら練るのが大変なんですよ」という。餡はこし餡で、味わってみると確かにおいしい。土産に持ち帰ると、娘と姪っ子が喜んで食べていた。

また8月のお盆に行くと、店に入った途端、申し訳なさそうに「予約で、5時まで一杯なんです」。せっかく来たので、接客の合間に沼さんと話をしていたが、客足はまったく途絶えない。

「いつも、こんなに凄いんですか」

「お盆だからねえ。今日は1000個以上いきますね」

すでに還暦を迎えている小倉屋ぱんじゅう店だが、現役ぱんじゅう屋としては古参格となった。旧産炭地では、さまざまな事情で地元を離れる人が少なくない。年に1度の里帰りの時にこの店のぱんじゅうを食べて、故郷と離れて過ごした時間を埋めているのかもしれない。

《【住所】夕張市若菜10／【電話番号】0123・56・5752／【営業時間】10時～17時（早仕舞いあり）／【定休日】不定休》

かつて狸小路で親しまれたぱんじゅう屋「十八番」（昭和50年頃）

【札幌のぱんじゅう】

ぱんじゅうが広まった北海道の町といえば、札幌も負けてはいない。昭和40年頃、行啓通に「長崎ぱんじゅう店」があったほか、近年まで狸小路6丁目で営業した「十八番」がよく知られる。昭和25年に古着屋として創業するが、その2年後くらいに早くもぱんじゅうの販売を始めたという。最初は1個5円でスタート。同51年に30円、同63年に40円という記録が残っている。

昭和50年頃の暖簾には「甘党十八番」とあり、コーヒーやあべ川餅、ぜんざいなどを出す甘味食堂だった。その後、「食堂十八番」としてラーメンも出すようになるが、平成9年に閉店した。

　では、札幌にはいつ頃からぱんじゅうがあったのだろう。昭和17年発行『昭和16年版札幌商工業営業者名録』には、「おやき・パンヂウ」の項に23軒が名を連ねる。おやき屋とパンヂウ屋の区別がなく詳細は不明だが、それ以前からあったことは間違いなさそうだ。

《もいわぱんじゅう》

　地下鉄東豊線栄町駅に近い、東区の住宅街の中にある。藻岩山にちなんで店名を付けるような場所でないことは明らかだ。実はこの店、もとは藻岩山近くに店を構えており、移転の際に長年親しまれた店名をそのまま残したのである。

　かつての店は、石山通と市電の軌道が交差する南21西10にあった。藤崎由紀子

中央区時代の店舗でぱんじゅうを焼く、店主の藤崎由紀さん（右）。左は東区の自宅に併設した新しい店舗

さん（昭和15年生まれ）は、最初の経営者が2年ほど営んだ跡を継ぎ、昭和60年4月20日に開店。当初は、近くに北海道教育大学札幌分校があったことから、夕方になると学生たちがやってきた。

　当時はぱんじゅう1個40円、学生割引35円だった。のちに消費税が導入され50円、平成15年には60円となり、現在は70円で販売する。筆者が最初に訪れたのは平成11年の晩秋で、話を聞きにうかがったのは4年後のこと。会った途端、藤崎さんの口から出た言葉が忘れられない。

「ここ、今月でやめるんです」

　開店以来19年間、自宅のある東区栄町から地下鉄と市電を乗り継いで通い続けてきた。だが、その時間と交通費のロスは大きく、ついにここを引き払うことを決めたそうだ。といっても廃業ではなく、自宅で再開するつもりだという。

「長い間、和気あいあいとやってきたから、そうしたお客さんと別れるのが辛くてズルズルと。ここに荷物を預けて市電

でデパートまで行くとか、そんなふうに使ってもらっていたから。移ると聞いただけで、泣き出す人もいたほどです」

　積丹出身の藤崎さんは、昭和33年頃に札幌へ出て同37年に結婚。甘いものが好きで食べ歩き、小樽のぱんじゅう屋にもよく足を運んだ。ここを引き継いだのは、大家さんと藤崎さんのご主人が友人だった縁である。「中央区でやるのが夢でした。でも、前の人から『作り方は教えない』と言われてしまって。何度も通って自分の味を作りました」。

　以前は1日に400個売れたこともあったが、その後は売れる日で200個くらい。暑い時期になると数が出ないので、夏場だけ蕎麦を出すようになった。

「味も作り方もずっと同じ。昔は荒挽きウインナーを入れた〝マヨネーズ〟が、とても人気がありました。今は頼まれれば作るけれど、蕎麦も出しているのでやめています。わがままですね」

　地域の人々の交流の場でもあったこの

東区に移転後も店名は変えなかった。また作り置きはしないので、注文を受けてから焼きはじめる。急ぐ時は電話で予約を

店だが、平成15年8月30日に一旦は閉店。その年の秋、東区北45東17で営業を再開している。住宅地にある自宅の前でオープンしたもので、名前は以前のまま。積み重ねてきたものは変わらないから、栄町の「もいわ」でいいのだ。

　ちなみに、再開した初日は1日で1000個を焼いた。かつて商店街の一角にあった店が、今は住宅地の中にある。環境は変われど、その土地にしっかり根づくところに、藤崎さんの思いの強さとぱんじゅうの底力を見た思いがする。

《【住所】札幌市東区北45東17－2－10／【電話番号】011・784・2727／【営業時間】10時〜17時／【定休日】月曜・祝日》

《正福屋ぱんじゅう》
　かつて狸小路6丁目に、ぱんじゅうで知られる「十八番」という食堂があったことは前述した。十八番は平成9年に閉店したが、その跡地で再びぱんじゅう屋が営まれている。屋号は「正福屋」。十八番と直接の関係はないが、無関係ともいえない。その微妙な繋がりを知ると、ぱんじゅうの不思議な力を感じてしまう。

　店主の佐藤正一さん（昭和41年生まれ）は、帯広市出身。東京の料理店で修業後、昭和63年に渡米してニューヨークの天麩羅屋などで働く。帰国後は、ジーンズのデッドストックを仕入れて狸小路で売るようになり、十八番の閉店後、店舗を借りて古着屋を始めた。

　古着屋時代、店から通りを眺めていると、アジアからの観光客がどっとやってきては、何も買わずに帰っていく。それを毎日のように眺めていて、「この人たち、お菓子なら買ってくれるんじゃないか」と思った佐藤さん。ニューヨークのチャイナタウンにベビーカステラ（以下、ベビカス）の店があったことを思い出し、どうせやるなら日本一の店に習おうと考えたのである。

正福屋の若き店主・佐藤正一さん

賑やかな装飾が目を引く、正福屋の店頭

　それが三宝屋《みたからや》で、関西の縁日では行列のできる屋台として有名である。そして、この店の先々代こそ、「ベビーカステラ」の命名者だという。その孫にあたる方を札幌に招き、伝授してもらったレシピを北海道の味覚に合わせてアレンジしたのが、正福屋のベビカスだった。

　平成19年7月22日、正福屋がオープン。店名の「正」は佐藤さんの名前から取り、「福」があるようにと願いをこめて命名した。最初はベビカスだけで始めたが、同年9月からぱんじゅうも扱うようになる。店舗の大家が、あの十八番を営んでいた店主の子息だった関係もあり、ぱんじゅうのレシピを教えてくれたのだ。

餡は十八番時代の製餡所に頼み、皮には江別製粉の道産小麦を使う。値段は、十八番が閉めた時に60円だったので、それより安い50円にしたが、現在は60円。こだわったのは形で、最近、本来のぱんじゅうと違う形のものが出回ることから、昔ながらのスタイルを大切にした。

正福屋を開く前、佐藤さんは古着屋を営んでいた。その正福屋と同じ場所でやっていた十八番も、最初は古着屋から始まっている。二度にわたり狸小路で繰り返された、古着屋からぱんじゅう屋への転身。ぱんじゅうが織りなすその不思議な縁には、驚かされるばかりである。

《【住所】札幌市中央区南3西6（狸小路6丁目）／【電話番号】011・223・3588／【営業時間】11時～20時／【定休日】なし》

【ぱんじゅう大変】

ぱんじゅうには、やはり不思議な力が潜む。そんなことを思わせるのが、苫小

狸小路を訪れるアジアからの観光客にもアピールする看板（右）。左は正統派の形状を踏襲するぱんじゅう

牧にかつてあった店にまつわる話だ。

筆者は夕張の小倉屋で、店の常連が苫小牧でぱんじゅう屋を始めたことを知る。それが平成12年8月のことで、同年9月に苫小牧市の住宅街にあった「こじまぱんじゅう」を訪ねた。ご主人の故小島敏之さん（昭和14年生まれ）が店を始めたきっかけは、奥さんの実家が小倉屋ぱんじゅう店の近所だったためだ。

結婚後、二人は苫小牧へ移り、夕張にしばしば通うようになった敏之さんは、そのたび、帰りに小倉屋でぱんじゅうを買って帰るのが楽しみになった。いつも飛ぶように売れているのを見て、自分でもできそうに思った敏之さんは、店主の父親に頼み込み、直接、作り方を教えてもらえることになったのだという。

平成9年7月21日、こじまぱんじゅうがオープン。開店からの1カ月半は、新聞記事になったこともあって、1日に800から1000個も売れた。その年は夏場もよく売れたが、翌年からは7、

8月になると売れ行きが落ちたという。
　平成13年の初め、ぱんじゅうをアレンジした「クレープぱんじゅう」を、敏之さんが考案したという記事が新聞に載る。それが気になり、平成16年夏に再び訪問したが、店にはシャッターが下り、看板もない。隣のスーパーで話をうかがうと、

かつて苫小牧の住宅街にあったこじまぱんじゅうの店舗（上）。右は小倉屋の流れを引いていたぱんじゅう

「急に倒れられて……もう3回忌になります」。クレープぱんじゅうが話題になって、間もなくのことだったという。さぞ無念だったことだろう。

　最後に、長野県松本市で巡り合った「ぱんじゅう」のことを紹介する。数年前、松本を旅した筆者は、松本城の近くで「ぱんじゅう」の文字と突然遭遇する。明治41年創業の和菓子店「美乃屋」である。ショーケースの見本を見て仰天した。形が北海道とはまったく違うのだ。

　小麦粉を溶いて焼いた皮に、小倉餡が入っている点は同じだが、形はおやき（今川焼）。直径50㎜、厚さ25㎜のミニおやきである。美乃屋の3代目店主が命名した、という話を店番のおばあちゃんに聞きながら、餡とクリームの2種ある松本版「ぱんじゅう」を買った。

　外に出て、じっとぱんじゅうという名の型焼きを見つめる。齧ると皮に弾力があり、パンのような食感といえなくもな

い。しっとりした皮の密度と食感は饅頭と言えなくもない。不思議な感覚にとらわれながら、食文化の奥深さに〝ローカルの力〟を感じてうれしくなった。

長野県松本市の和菓子屋・美乃屋（上）は、ぱんじゅうという名の型焼きが名物（右）

現在、道内の現役ぱんじゅう店で、昔ながらのスタイルを受け継ぐのは、小樽の「西川ぱんじゅう」と「あんあん」、夕張「小倉屋ぱんじゅう」「正福屋ぱんじゅう」、札幌の「もいわぱんじゅう」の5軒だけになってしまった。

ほかにもぱんじゅうを名乗る店はあるが、たこ焼きのような焼型で焼いていることが多い。筆者はそれらを、本来のぱんじゅうと区別する意味で、〝ミニぱんじゅう〟とか〝タコぱんじゅう〟と呼んでいる。いつしか、主客転倒が起こらぬようにと念じながら。

昭和初期に生まれた銀座モーリの「パンじゅう」、大正期から続くであろう北海道の「ぱんじゅう」、そして松本市美乃屋の「ぱんじゅう」。同じ響きを共有しながらも、異なる食文化を生み出すぱんじゅうは、その奥深さで筆者を魅了してやまない。来暦も含め、ぱんじゅうを巡る旅は、まだまだ終えるわけにはいかないようだ。

あとがき

お菓子には実に多様な愉しみがあります。かたちや色彩、香り、食感、味わいなどの「見て感じる愉しみ」。普通はこれだけでも充分なのでしょうが、筆者の関心は同時にそのお菓子と一体化した世界、つまり箱や缶、包装紙、栞などにも向けられます。さらにそこに、それぞれのお菓子にまつわる誕生と成長の物語を知って、思いを巡らす「読んで想像する愉しみ」が加わります。

北海道には歴史がない、と口にする人がいます。でも、北海道のお菓子の現場を実際に訪ね歩くことで、その幅の広さと歴史の厚みをあらためて実感しました。それは、ひとつのお菓子の歩みでさえ、すでに伝承の域に入っていたりすることからもわかります。それらをトータルしたお菓子文化の愉しみを、その深い奥行きのまま記録したいと思い、本書を執筆しました。

北海道はお菓子と人の果てしない物語の宝庫です。今回は、明治から昭和にかけて誕生し、今なお強い存在感を示し続けるお菓子の中から、早い時期に出会った思い出深いものを中心にセレクトしました。本書の刊行が、私たちの暮らしている場所＝北海道とそれぞれの地域が持っている可能性を、より具体的に見つめなおすきっかけになれば本望です。

執筆に際しては、何よりもお菓子作りに携わる方々の熱意と誠意が、大きな励みとなりました。そして、共通する感性で執筆のきっかけや完成に向けて力づけていただいた亜璃西社の和田由美さんと、筆者の思いを忖度しながら細やかに心をかけていただいた井上哲さんとの三人四脚がなければ、本書が日の目を見ることがなかったのは確かです。

さまざまなご縁に、感謝いたします。

２０１１年12月

塚田敏信

読むお菓子——参考文献&ブックガイド

『和漢三才図会1～18（1712年序）』寺島良安　東洋文庫　1985～1991年
『嬉遊笑覧1～5（1830年序）』喜多村筠庭　岩波文庫　2002～2009年
『守貞謾稿　巻之一～八（1837～1868年）』喜田川守貞　東京堂出版　1992年
『故古谷辰四郎尋思録』梅村舜造　私家版　1931年
『お菓子の歴史』守安正　白水社　1952年
『のぼり窯』久保栄　新潮社　1952年
『えぞ金豪傳』奥田二郎　共立書房　1954年
『ふるさとの菓子』大山勝義　東北菓子食料新聞社　1956年
『会員の家業とその沿革』大野靖三編　国鉄構内営業中央会　1958年
『風雪——一本の雑草』松崎喜一郎　講談社　1962年
『増訂新版　お菓子の歴史』守安正　白水社　1965年
『日本銘菓辞典』守安正　東京堂出版　1971年
『饅頭博物誌』松崎寛雄　東京書房社　1973年
『北海道の旅』北海道商工観光部観光室観光振興課　北海道　1973年
『菓子一筋の道　岡部式二の88年』電通北海道支社　私家版　1980年
『観光みやげHOKKAIDO　創刊号』北海道観光土産品協会　1980年2月
『商賣往来風俗誌』小野武雄　展望社　1983年

『ふれあい七十年』坂一長　私家版　1985年
『和菓子の京都』川端道喜　岩波書店　1990年
『菓子』河野友美編　真珠書院　1991年
『にっぽんの味シリーズ　まんじゅう大好き～諸国饅頭地図』徳間書店　1993年
『和菓子ものがたり』中山圭子　新人物往来社　1993年
『第22回全国菓子大博覧会』第22回全国菓子大博覧会実行委員会　1994年
『老舗饅頭』本多由紀子　小学館　1995年
『世界お菓子紀行』森枝卓士　筑摩書房　1995年
『お菓子の詩』小林照幸　商業界　1995年
『和菓子の楽しみ方』鈴木宗康ほか　新潮社　1995年
『日本の菓子――祈りと感謝と厄除けと』亀井千歩子　東京書籍　1996年
『図説　江戸料理事典』松下幸子　柏書房　1996年
『日本一の団子』本多由紀子　小学館　1996年
『ザ・おかし』串間努　扶桑社　1996年
『老舗煎餅』本多由紀子　小学館　1997年
『全国和菓子風土記』中尾隆之　昭文社　1997年
『全国こだわりの豆菓子』松浦裕子　小学館　1998年
『北海道駅弁史』　社団法人日本鉄道構内営業中央会北海道地区本部　1998年
『もち（糯・餅）――ものと人間の文化史89』渡部忠世・深澤小百合　法政大学出版局　1998年
『コムギ粉料理探究事典』岡田哲　東京堂出版　1999年

『大店秘帖（3巻）』岡部卓司　私家版　1999～2004年
『餅と日本人』安室知　雄山閣出版　1999年
『お菓子の街をつくった男』上條さなえ・山中冬児　文溪堂　1999年
『こだわりのロングセラー』和田由美　共同文化社　2000年
『銀座木村屋あんパン物語』大山真人　平凡社　2001年
『人と土地と歴史をたずねる　和菓子』中島久枝　柴田書店　2001年
『北見の薄荷入門』井上英夫　北網圏北見文化センター協力会　2002年
『続ほっかいどう百年物語』STVラジオ編　中西出版　2002年
『お菓子のくに　帯広・十勝』北海道新聞帯広支社報道部　北海道新聞社　2002年
『國文学7月臨時増刊号「食」の文化誌』學燈社　2003年
『まんじゅう　おやき　おはぎ　聞き書ふるさとの家庭料理7』農山漁村文化協会編　農山漁村文化協会　2003年
『群馬のおいしいお菓子のお店124』上毛新聞社編　上毛新聞社　2004年
『日本銘菓事典』山本候充　東京堂出版　2004年
『マイフェアケーキ―洋菓子の文化誌―』北海道札幌篠路高等学校郷土研究部　私家版　2004年
『旭川菓子商組合100周年記念誌〃菓子翔〃』旭川菓子商工業組合編　旭川菓子商工業組合　2005年
『京の和菓子』辻ミチ子　中央公論新社　2005年
『虎屋　和菓子と歩んだ五百年』黒川光博　新潮社　2005年
『菓子の文化誌』赤井達郎　河原書店　2005年
『札幌人　夏号　No．10』「駅弁の民俗学」塚田敏信　札幌グラフコミュニケーションズ　2006年
『まんじゅう屋盛衰記　塩瀬の650年』川島英子　岩波書店　2006年

『和菓子噺』藪光生　ＢＡＢジャパン　２００６年
『地サイダー読本』レトロモダン飲料愛好会　春日出版　２００８年
『ＢＹＷＡＹ後志　参』ＢＹＷＡＹ後志発行委員会　２００８年
『虎屋ブランド物語』川島蓉子　東洋経済新報社　２００８年
『和菓子と日本茶の教科書』新星出版社編集部　新星出版社　２００９年
『まんじゅう大好き！　酒饅頭・温泉饅頭・全国饅頭の本』里文出版編　里文出版　２００９年
『飴と飴売りの文化史』牛嶋英俊　弦書房　２００９年

〈著者略歴〉
1950年、赤平市生まれ。北海道大学法学部卒。札幌篠路高校教諭等を経て現在、札幌大谷学園講師。まち文化研究所主宰および銭湯倶楽部代表として、各地でまち文化講座を開催している。著書に『いらっしゃい北の銭湯』(北海道新聞社)、『むらの生活——北海道から富山へ』(共著・北海道新聞社)、『小樽の建築探訪』(共著・北海道新聞社)、『伊達市史』(共著)、『本別町生活文化史』(共著) ほか。現在、朝日新聞夕刊で「まち歩きのススメ」を連載中。

本書の取材・執筆にあたり、各取材先の皆様に多大なるご協力をいただきました。
この場を借りて、厚くお礼申し上げます。

*本書のデータは、平成23(2011)年12月現在のものです。お菓子の価格は5%税込で表記しました

Special Thanks to
竹島正紀

◇制作協力　伊藤哲也、野崎美佐
◇カバー・口絵撮影　藤倉孝幸(STACK)、塚田敏信
◇中扉イラスト　岩川亜矢

ほっかいどうお菓子《かし》グラフィティー
2012年2月2日　第1刷発行

著　者　塚田《つかだ》　敏信《としのぶ》
装　幀　須田　照生
発行人　和田　由美
編集人　井上　　哲
発行所　株式会社亜璃西《ありす》社
〒060-8637　札幌市中央区南2条西5丁目6-7
TEL　011-221-5396
FAX　011-221-5386
URL　http://www.alicesha.co.jp/

印刷所　株式会社アイワード

ISBN978-4-900541-95-5　C0095